植物地理学
实践教学参考

主　编　吴永胜　金　凤
副主编　王　博　王牧兰

中国财经出版传媒集团
经济科学出版社
Economic Science Press

图书在版编目（CIP）数据

植物地理学实践教学参考 / 吴永胜，金凤主编；王博，王牧兰副主编. --北京：经济科学出版社，2023.4
ISBN 978-7-5218-4646-1

Ⅰ. ①植… Ⅱ. ①吴… ②金… ③王… ④王… Ⅲ. ①植物地理学-高等学校-教学参考资料 Ⅳ. ①Q948.2

中国国家版本馆CIP数据核字（2023）第052355号

责任编辑：白留杰　杨晓莹
责任校对：王苗苗
责任印制：张佳裕

植物地理学实践教学参考
主　编　吴永胜　金　凤
副主编　王　博　王牧兰
经济科学出版社出版、发行　新华书店经销
社址：北京市海淀区阜成路甲28号　邮编：100142
教材分社电话：010-88191309　发行部电话：010-88191522
网址：www.esp.com.cn
电子邮箱：bailiujie518@126.com
天猫网店：经济科学出版社旗舰店
网址：http：//jjkxcbs.tmall.com
北京密兴印刷有限公司印装
787×1092　16开　12.75印张　250000字
2023年6月第1版　2023年6月第1次印刷
ISBN 978-7-5218-4646-1　定价：58.00元
（图书出现印装问题，本社负责调换。电话：010-88191545）

前 言

PREFACE

植物地理学是自然地理学最早的学科分支之一，是高等学校地理科学专业的核心课程之一。30多年以来，在全球变化适应和生物多样性保护的推动下，得益于遥感和分子生物学等技术突破，植物地理学得到了迅猛的发展，并在植物系统研究、自然地理、植物资源、水土保持与荒漠化防治、环境保护以及环境影响评价中都得到了广泛应用。

植物地理学是实践性很强的一门课。随着学科交叉和现代科学技术不断向植物地理学及其分支学科的渗透，尤其是计算机、高分辨率遥感影像和地理信息系统等技术的快速发展，极大地促进了植物地理学向着实验科学发展。在当前高等教育把培养学生实践能力摆在更加突出位置的改革背景下，全面培养学生的实践能力不仅是掌握好植物地理学这门专业必修课的重要前提，更是培育能够满足社会发展需求的地理学综合型人才的迫切需要。因此，本书除课堂绘图等实践活动之外，加大了野外实习和调研等实践教学环节对植物地理学课程中所占的比重。本书从植物的几大类群入手，通过介绍被子植物分类学形态解剖基础（根、茎、叶、花、果），植物检索表的编制及其应用，高等植物标本采集与制作，植物区系分析，植物群落调查与分析，植物群落的数量分类与排序，植被图的绘制，生物气候图的绘制，常规植物地理学数据统计与分析，常见植物（内蒙古地区）主要特征、分布、生境及其开发利用价值等内容的介绍，全面考虑了室内实践和室外实践环节，从而有力加强了植物地理学实践教学环节。

本书作为植物地理学这门专业必修课实践教学环节的补充资料，共有十一章。其中，第一至五章和第九章由吴永胜负责，第六、七章由王牧兰负责、第八章和第十章由王博负责，第十一章由金凤（内蒙古师范大学生命科学与技术学院）负责整理完成。本书出版过程中得到了内蒙古自治区自然科学基金项目（2022MS04002）、内蒙古自治区重点研发和成果转化项目（2022YFDZ0036、2022YFHH0045）的资助。

由于出版周期短，时间紧而任务重，加上编者水平有限，书中难免存在不足之处，望使用本书的教师、学生和相关工作者提出宝贵意见，以便我们及时修正。

编者

2023年3月

目　录

CONTENTS

第1章 植物界的基本类群

大约在34亿年前，地球上出现了原核生物——细菌和蓝藻。随着地球上多次地质变迁，藻类植物、苔藓植物、蕨类植物、裸子植物、被子植物依次繁盛。在长期的演化过程中，有些类群逐渐衰退和消亡，同时又有新的类群出现。化石资料表明，植物界的进化存在阶段性，表现出从简单到复杂、从低等到高等、从水生到陆生的演变和进化过程。在距今1亿9千万年前的侏罗纪，裸子植物中的松柏类占据优势。近年来的有关研究发现并确认了晚侏罗纪地层中原始被子植物的存在。在白垩纪，裸子植物衰退，被子植物逐渐兴起。新生代以来，被子植物得到发展并占据优势。

植物可以根据一定的特征划分成不同大小和不同含义的类群。根据植物是否产生种子，可以将植物划分为孢子植物（也称隐花植物）和种子植物（也称显花植物），前者包括藻类、菌类、地衣、苔藓和蕨类，后者包括裸子植物和被子植物。植物常被分为低等植物和高等植物。所谓低等植物（也称原植体植物、无胚植物）是指没有根、茎、叶的分化，也没有维管束系统的植物，这些植物少部分为单细胞植物，大多数为多细胞植物。藻类和菌类属于低等植物。苔藓植物已经有了茎和叶的分化，蕨类和种子植物不仅有了根、茎、叶的分化，还出现了维管束系统，它们统称高等植物（也称茎叶体植物、有胚植物）。蕨类和种子植物还被合称为维管束植物，其他为无维管束植物。

植物界类群的划分不都是分类学意义上的，主要是依据某个特征进行大的归类。沿用习惯上的两界系统，植物界可以划分为17个门（见图1-1），并可以归纳为藻类、菌类、地衣、苔藓、蕨类、裸子植物和被子植物七个大的类群。

目前，自然界已发现藻类约2.5万种，菌类约9万种，苔藓植物约2.3万种，蕨类植物约1.2万种，裸子植物约800余种，被子植物约25万种。仅从种类数目上，被子植物占有绝对的优势。值得注意的是，这些数据不是一成不变的，一些门类的植物种类统计数量还在增加。尤其是随着高通量测序技术的发展，目前发现的细菌种类数远远超出过去通过形态识别确定的种类数。

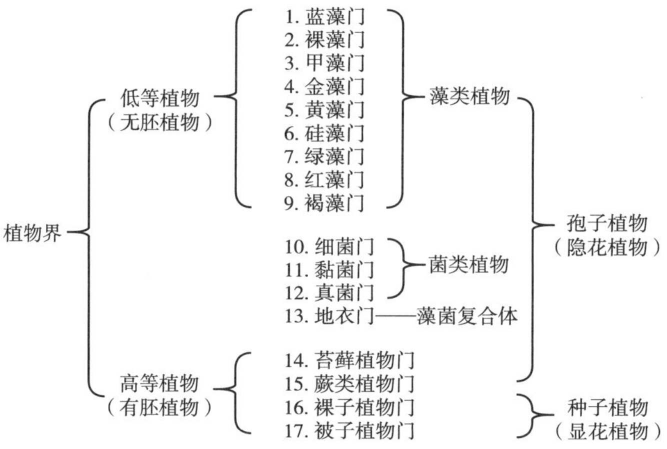

图1-1 植物界17个门的划分

资料来源：刘鸿雁，2020.

第2章 被子植物分类学形态解剖基础

2.1 植物营养器官

植物的根、茎、叶与营养物质的吸收、合成、运输和储藏有关，称为营养器官。识别植物是区域地理调查和植被调查必不可少的内容，而植物的形态结构是鉴别植物类群必不可少的分类特征。尽管繁殖器官的形态特征是鉴别植物最可靠的依据，但是在野外工作时，往往因为季节关系无法见到植物的繁殖器官，所以经常用根、茎、叶的特征来鉴别植物。

2.1.1 植物根和根系

（1）根的形态。根是植物体的地下器官（除少数气生根外），主要作用是固着、支持和从环境中吸收水分和营养，同时兼有储藏的作用。不同植物主根的生长状况、各级侧根的生长和分枝式样以及所包含的不定根的数目不同，因而形成了不同类型的根系。根系是指植物根的总和，包括直根系和须根系。有明显主根和侧根区别的根系，称为直根系；无明显主根和侧根区别的根系，或根系全部由不定根及其分枝组成，粗细相近，无主次之分，呈须状的根系，称为须根系（见图2–1）。

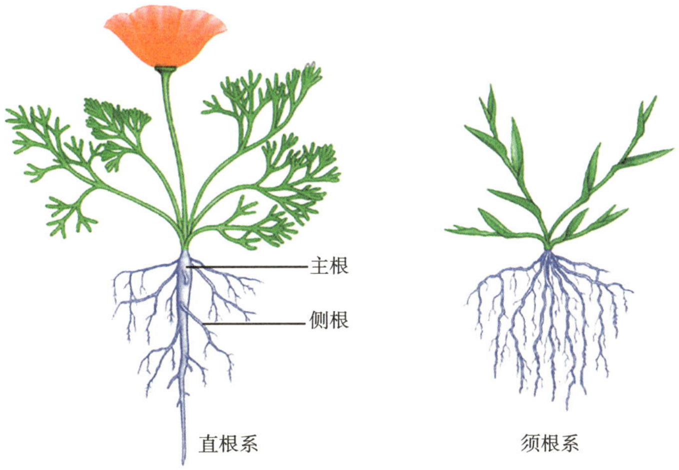

图2–1 根的形态

（2）根的变态形式。根的变态形式包括肉质直根、块根、支柱根、攀援根、呼吸根、寄生根等。肉质直根主要由主根发育而成，一株植物上仅有一个肥大的直根，如胡萝卜、萝卜、甜菜和人参等；块根主要由侧根和不定根发育形成，一株植物上可以形成许多块根，如甘薯等；支柱根可以伸入土壤起支持作用，如玉米、榕树等；攀援根的茎上生有不定根，能分泌黏液，固着于他物使植物向上生长，如凌霄花、爬山虎等；呼吸根是指部分根垂直向上生长，进入空气中进行呼吸，称为呼吸根，常有发达的通气组织，生长于沼泽或热带海滩地带的植物中最为常见，如水松和红树等；寄生根也称为吸器，寄生于植物茎上而发育的不定根，可以伸入寄主体内，吸收寄主的养料和水分，如菟丝子等（见图2-2）。

肉质直根（胡萝卜）　块根（甘薯）　支柱根（玉米）

攀援根（爬山虎）　呼吸根（红树）　寄生根（菟丝子）

图2-2　根的变态形式

2.1.2　植物茎的形态

（1）茎的形态。茎是植物体地上部分联系根和叶的营养器官，生理功能主要是输导作用和机械支持作用。茎上有节和节间，节上着生有叶和芽，而与根相区别。着生叶和芽的茎称为枝条（见图2-3）；叶与茎之间形成的夹角称为叶腋，着生叶的部位称为节，两节之间的部分，称为节间；当叶脱落后，在节上留有痕迹即叶痕；叶痕中的点状突起是枝条与叶柄间的维管束断离后留下的痕迹，称为维管束痕（简称束痕）；顶芽（腋芽）开放时，其芽鳞片脱落在枝条上会留下密集的痕迹，这种痕迹称为芽鳞痕。枝条的外表可以看见一些小型白色或褐色的皮孔。皮孔的形状、颜色和分布的疏密情况因植物而异。此外，有些植物的枝条上还有表皮毛、腺毛等多种类型的毛状附属物。

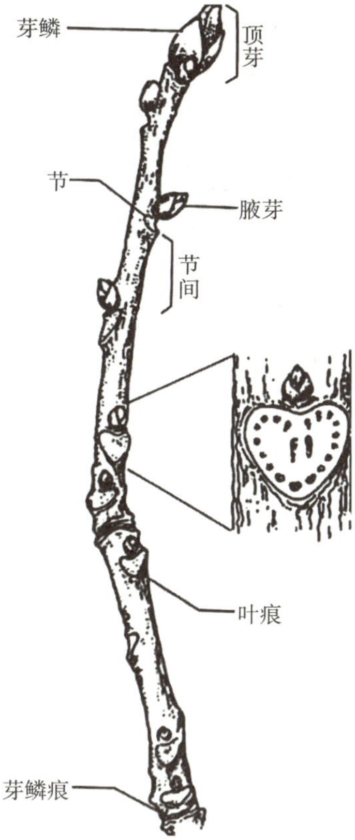

图2-3　枝条的形态

资料来源：汪小凡，杨继，2006.

（2）茎的变态形式。茎的变态形式包括根状茎、块茎、球茎和鳞茎等（见图2-4）。根状茎外形像根的地下茎，具有明显的节和节间，顶端具顶芽，如莲；块茎是短而膨大的肉质地下茎，节间很短，茎上具有许多芽眼，如马铃薯；球茎由根茎的顶端膨大而形成的，顶芽和腋芽多密集在顶端，节部具退化的鳞片叶，如荸荠；鳞茎是指扁平或圆盘状的地下茎，节间极度缩短，生有肉质化的鳞状叶片，如洋葱、百合。

根状茎（莲）

块茎（马铃薯）

球茎（荸荠） 鳞茎（洋葱）

图2-4 茎的变态形式

2.1.3 植物叶的形态

（1）叶的组成。叶是植物进行光合作用和蒸腾作用的主要器官，通常由叶片、叶柄和托叶三部分组成，同时具有这三部分的叶称为完全叶，缺少其中任一部分者都称为不完全叶（见图2-5）。禾本科植物的叶由叶片和叶鞘两部分组成，叶片和叶鞘连接处为叶枕（或叶颈），两侧有叶耳，腹面有叶舌（见图2-6）。

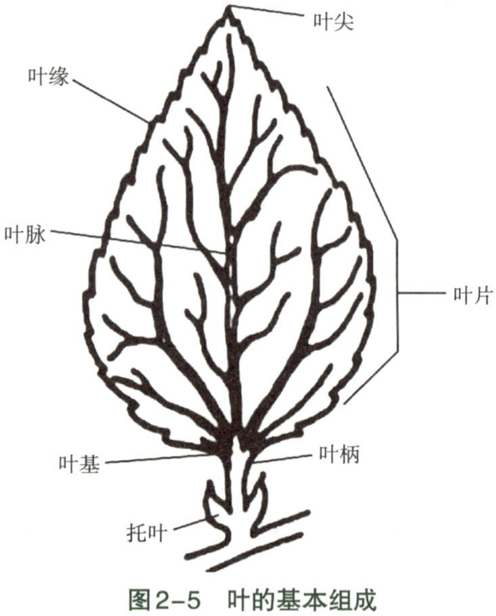

图2-5 叶的基本组成

资料来源：杨继，2000.

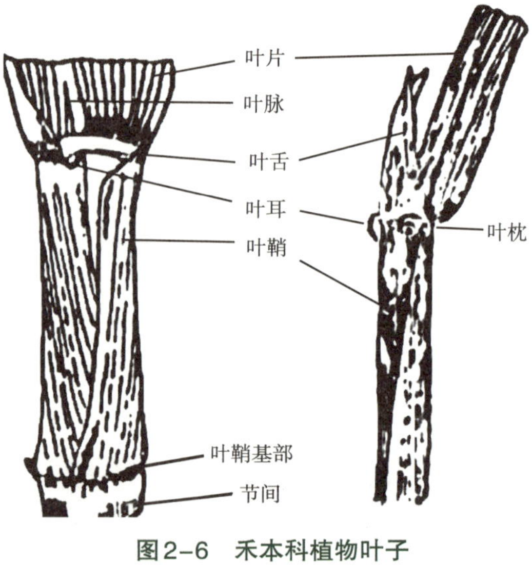

图2-6 禾本科植物叶子

资料来源：武吉华，刘濂，1983.

（2）叶的形态。叶的形态包括叶片（见图2-7）、叶尖（见图2-8）、叶基（见图2-9）、叶缘（见图2-10）叶裂（见图2-11）、叶脉（见图2-12）等。

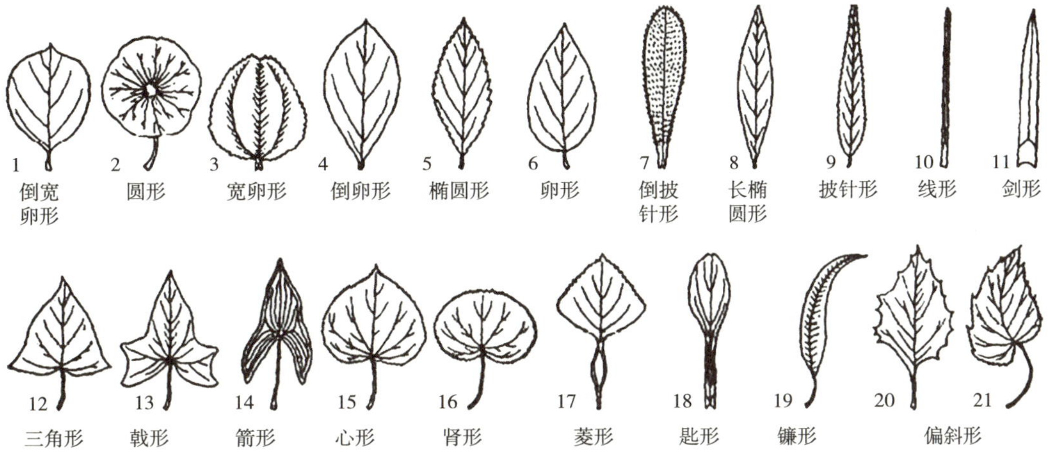

图2-7　叶片形态

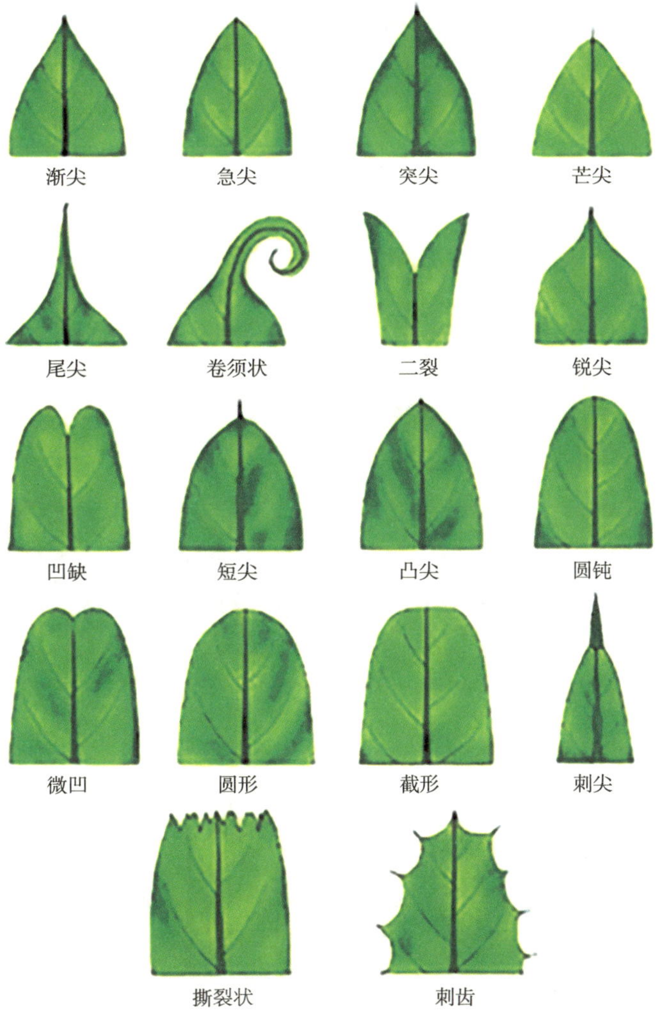

图2-8　叶尖形态

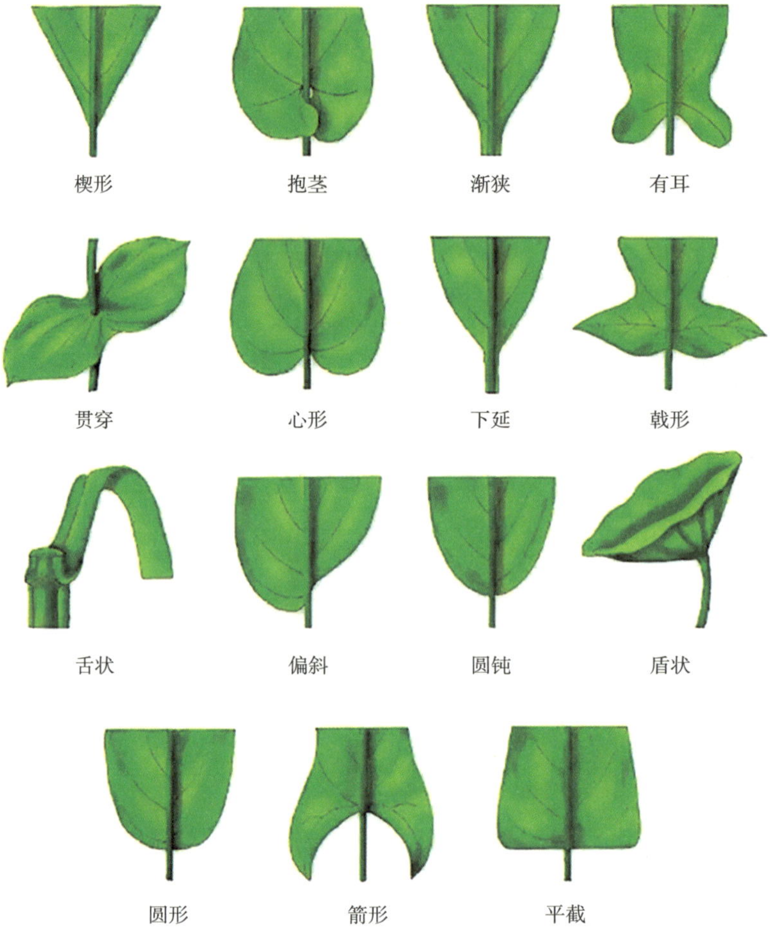

图2-9 叶基形态

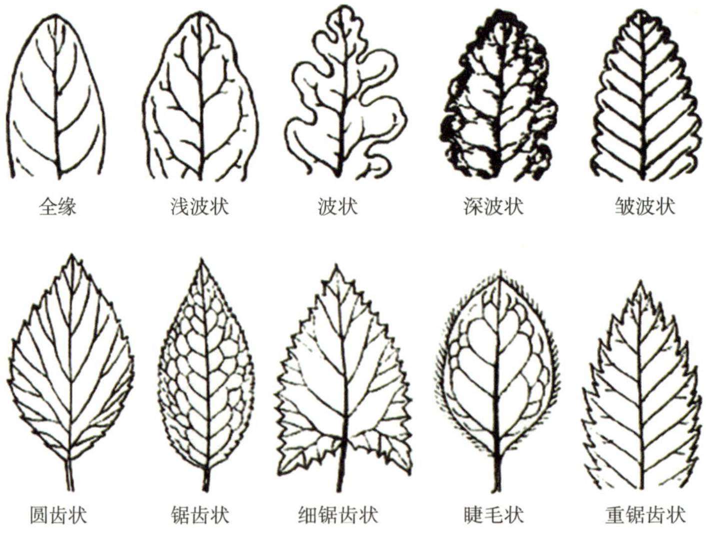

图2-10 叶缘

图2-11 叶裂

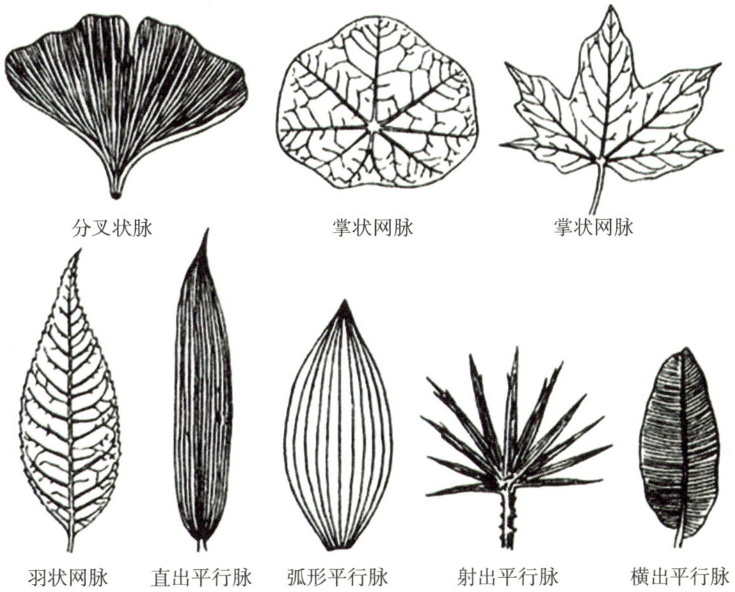

图2-12 叶脉

（3）复叶的类型。单叶是在一个叶柄上只生1片叶片；复叶是在叶柄上着生2片以上完全独立的小叶片。复叶的叶柄称为叶轴或总叶柄。叶轴上所生的许多叶称为小叶，小叶的叶柄即为小叶柄。根据小叶在总叶柄上的排列方式，可将复叶分为多种类型（见图2-13）。复叶和单叶有时易混淆，这是对叶轴和小枝未加仔细区分的结果。叶轴和小枝实际上有着显著的差异，叶轴的顶端没有顶芽，而小枝常具顶芽；小叶的叶腋一般没有腋芽，芽只出现在叶轴的腋内，而小枝的叶腋都有腋芽；复叶脱落时，先是小叶脱落，最后叶轴脱落；小枝上只有叶脱落；叶轴上的小叶与叶轴成一平面，小枝上的叶与小枝成一定角度。

图2-13 复叶的类型

（4）叶序。叶在茎上着生的次序叫做叶序，叶序通常可分互生、对生、轮生和簇生等（见图2-14）。

图2-14 叶序

（5）叶的变态形式。叶的变态形式包括卷须叶、刺叶、捕虫叶、鳞叶、无性繁殖叶等（见图2-15）。卷须叶为纤细的线状构造。具有卷须的植物体往往木化程度低，机械组织发育不良，借卷须缠绕他物而使植株保持直立，如须叶藤，豌豆等。

某些旱生植物，如仙人掌属的叶退化成针状的刺，缩小蒸腾面积以适应干旱环境；又如小檗属植物长枝上的叶变态成三叉状的刺，在其腋间长出短枝，生有寻常叶；刺槐属植物复叶基部的刺则由托叶变成，亦属叶刺。捕虫叶的结构复杂，分为叶柄、叶身和卷须。卷须尾部扩大并反卷形成瓶状，可捕食昆虫，如捕蝇草。捕虫叶不仅具有叶绿体，能够进行光合作用，而且还可以分泌消化液来消化分解动物性食物。通过捕食动物，食虫植物可以获取额外的蛋白质，以满足自身对氮的需求。鳞叶指的是叶的功能特化或退化成鳞片状，称为鳞叶，如洋葱。无性繁殖叶生命力极强，落地生根叶片边缘的一圈变态叶可以进行无性繁殖，不受水分、阳光和泥土的影响。

卷须叶
须叶藤 *Flagellaria indica*

刺叶
仙人掌 *Opuntia stricta var. dillenii*

捕虫叶
猪笼草 *Nepenthes mirabilis*

鳞叶
洋葱 *Allium cepa*

无性繁殖叶（产生不定芽）
落地生根 *Bryophyllum pinnatum*

图2–15　叶的变态形式

2.2 植物繁殖器官

2.2.1 花

花是植物分类鉴定的主要依据。在被子植物中，一朵完整的花由花柄、花托、花被、雄蕊群和雌蕊群组成（见图2-16）。

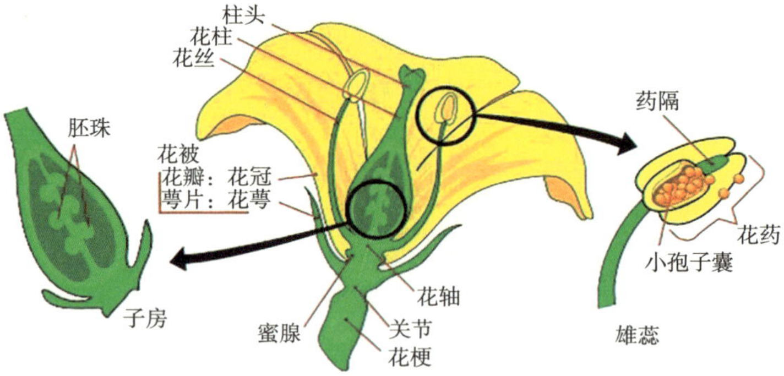

图2-16 花的基本组成

一朵花如果同时具有花萼、花冠、雄蕊群和雌蕊群四个部分，称为完全花，缺少其中的任一部分都称为不完全花；通过花的中心可作几个对称面（辐射对称）的花叫做整齐花，通过花的中心只可作一个对称面（两侧对称）的花叫做不整齐花，通过花的中心无任何对称面的花叫做不对称花（见图2-17）。花被的类型包括裸花（无被花）、单被花和重被花（见图2-18）。

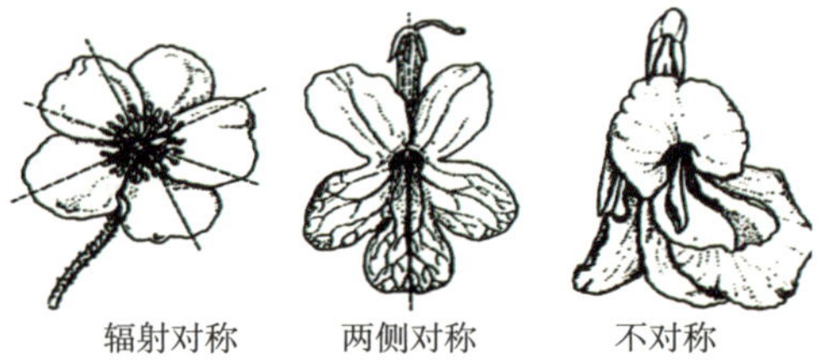

图2-17 花的对称性

资料来源：杨继，2000.

图2-18 花被的类型

资料来源：武吉华，刘濂，1983.

花冠的类型包括辐射花冠、高脚碟状花冠、坛状花冠、钟状花冠、十字花冠、唇形花冠、管状花冠、漏斗状花冠、蝶形花冠和舌状花冠等（见图2-19）。

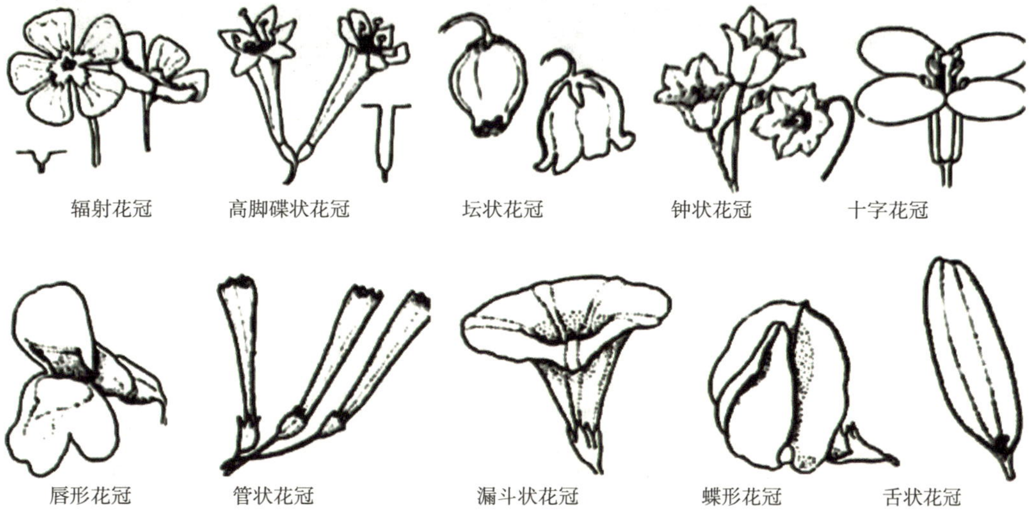

图2-19　花冠的类型

资料来源：杨继，2000.

雄蕊是花的重要组成部分。雄蕊的类型有离生雄蕊、二强雄蕊、四强雄蕊、冠生雄蕊、聚药雄蕊、单体雄蕊、二体雄蕊和多体雄蕊等（见图2-20）。

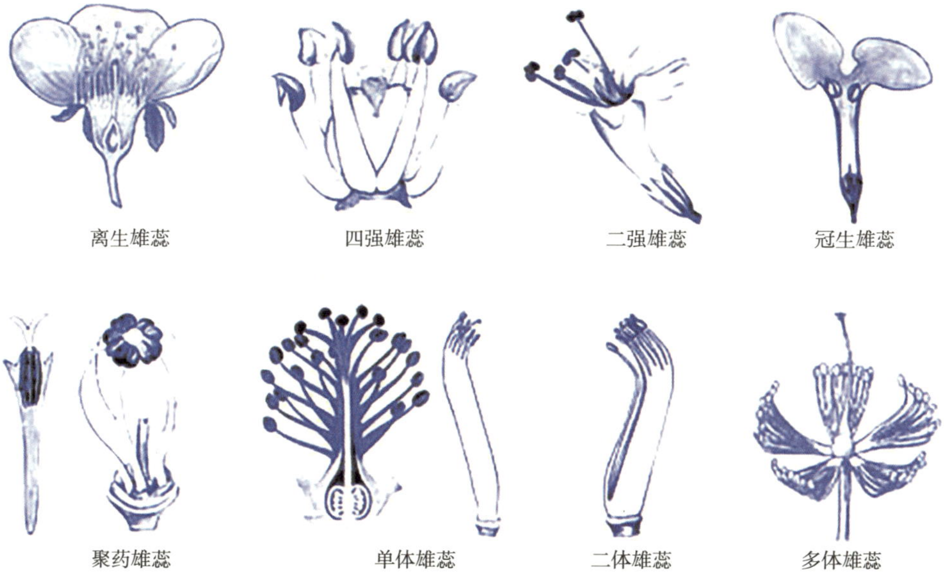

图2-20　雄蕊的类型

根据子房在花托上的位置，把花分为子房上位下位花、子房上位周位花、子房半下位周位花和子房下位上位花等（见图2-21）。

图2-21　子房在花托上的位置

资料来源：杨继，2000.

胎座的类型包括边缘胎座、侧膜胎座、中轴胎座、特立中央胎座、顶生胎座、基生胎座等（见图2-22）。

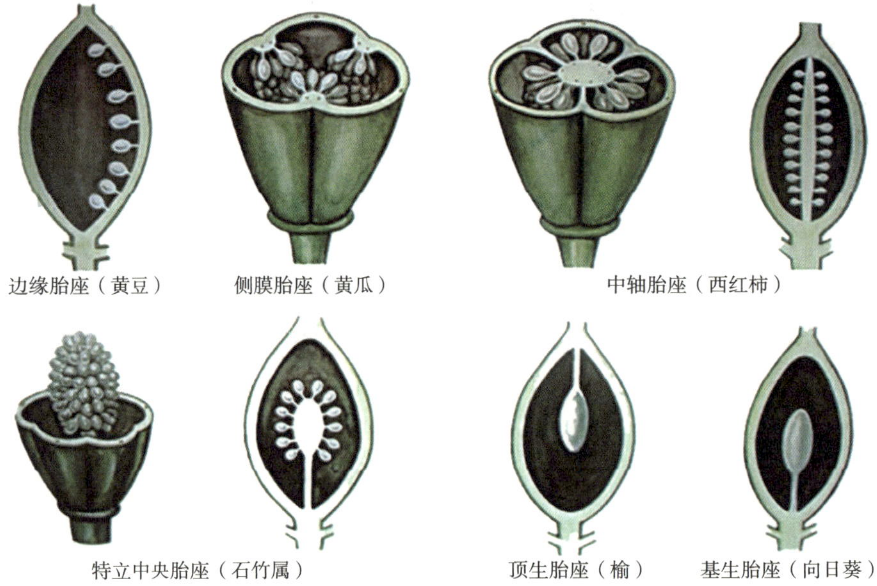

图2-22　胎座的类型

花序的类型包括总状花序、伞房花序、伞形花序、穗状花序、柔荑花序、肉穗花序、头状花序、隐头花序等（见图2-23）。总状花序属于无限花序，花序轴不分枝，较长，具有花柄的小花着生于花序轴上，小花的花柄等长，由下至上开花，如油菜的花序。伞房花序是变形的总状花序，着生于花轴的各花花柄长短不等，如梨。伞形花序是花轴缩短，大多数花着生在花轴的顶端，每朵花有近于等长的花柄，如葱。穗状花序的花轴直立，较长，上面着生许多无柄的两性花，如车前。花轴上着生许多无柄或短柄的单性花（雌花或者雄花）叫柔荑花序，如杨或柳。肉穗花序基本结构和穗状花序相同，所不同的是花轴粗短，肥厚而肉质化，如马蹄莲。头状花序是花轴极度缩短而膨大的类型，如向日葵。隐头花序花轴特别肥大而呈凹陷状，很多无柄的小花着生在凹陷的腔壁上，如无花果。

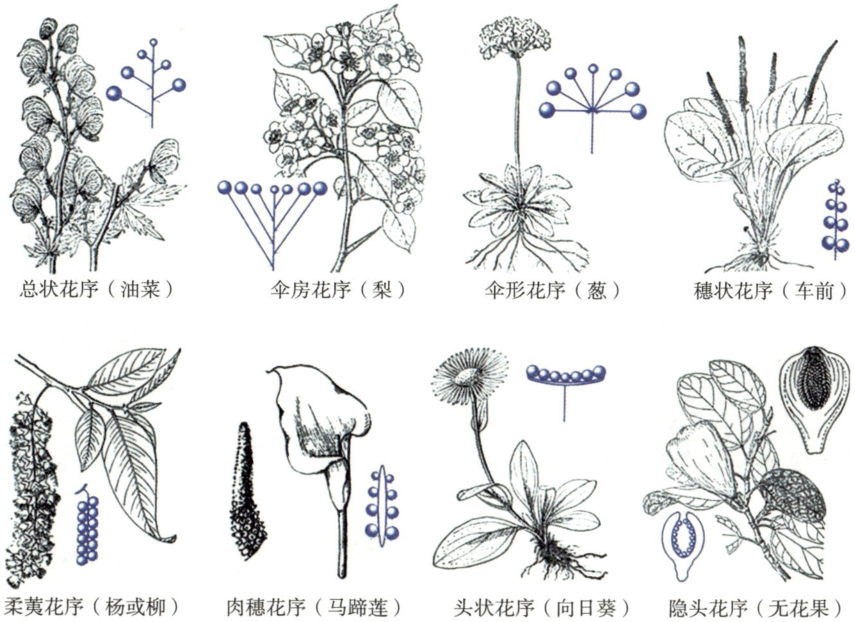

图2-23　花序的类型

禾本科植物花的形态和结构比较特殊，小穗为花序的基本单位，排列出四维状、穗状或总状，少数为头状。每个小穗含有1朵至多朵花，在小穗轴上成两列互生。小穗基部有2片坚硬的颖片，称外颖和内颖，属于总苞片。颖片内有几朵花，其中基部的2～3朵能正常发育结实，称为能育花。上部的几朵往往发育不完全，不能结实，称为不育花。能育花外面有2片鳞片状薄片，外边的1片是花基部的苞片，称外稃，里面1片称内稃，属于外轮花被。内稃里面有2片小型囊状突起，称为浆片，属于内轮花被。开花时，浆片吸水膨胀，使内稃、外稃撑开，露出花药和柱头。柱头羽毛状，少数扫帚状（见图2-24）。

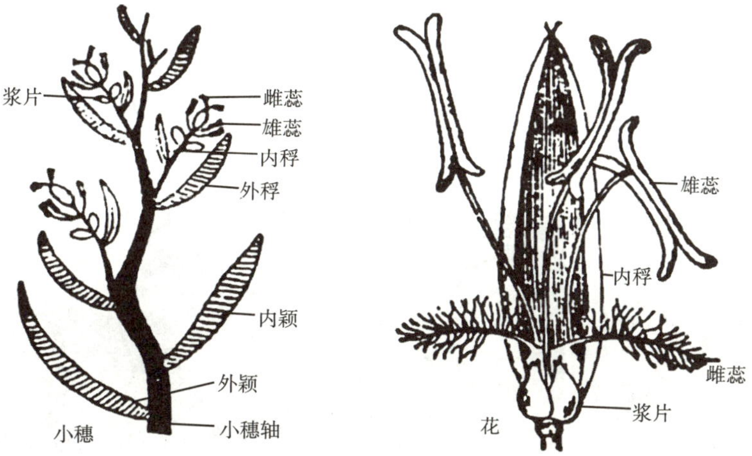

图2-24　禾本科植物的小穗和花

2.2.2 果实

果实的类型包括单果、聚合果和聚花果。由一朵花中的一个子房或一个心皮所形成的单个果实，包括干果和肉果。根据果实成熟时果皮裂开与否，分为裂果（包括荚果、蒴果、角果、蓇葖果）和闭果（瘦果、翅果、颖果和坚果）。图2-25为常见干果的类型。

图2-25 干果的类型

果实成熟时果皮肉质多汁的果实叫肉果（见图2-26），包括浆果、瓠果、柑果、核果和梨果。

核果（桃）

梨果（苹果）

图2-26　肉果类型

聚合果是花中有多枚离生雌蕊，每一雌蕊形成一个小果，一花内有多枚小果聚合而成，包括聚合瘦果、聚合核果、聚合坚果和聚合蓇葖果（见图2-27）。

聚合瘦果（草莓）

聚合坚果（莲）

聚合核果（悬钩子）

聚合蓇葖果（八角）

图2-27　聚合果的类型

聚花果是整个花序一同发育成果实，如凤梨、无花果、桑等（见图2-28）。

聚花果（凤梨）

聚花果（桑）

图2-28　聚花果的类型

第3章　植物检索表的编制与使用

3.1　植物检索表的编制与使用

植物检索表是根据二歧分类法的原理，以对比的方式而编制成区分植物种类的表格。植物检索表是鉴定和确定植物名称的手段，而不是为植物命名。最早的植物检索表是由法国的生物学家拉马克提出，是植物分类中识别鉴定植物不可缺少的工具，各门、纲、目、科、属、种都有相应的检索表，其中科、属、种的检索表最为常用。下面以常见的定距式和平行式检索表为例，对其优缺点进行比较。

3.1.1　定距式（等距式）检索表

1.花被6片

　2.小坚果具翅；柱头头状；雄蕊通常9；内轮花被片在结果时不增大 ……………………………………………………………………… 1.大黄属 Rheum

　2.小坚果无翅；柱头画笔状；雄蕊通常6；内轮花被片在结果时增大 ……………………………………………………………………… 2.酸模属 Rumex

1.花被片4或5，很少为6片（裂）

　　3.灌木

　　　4.叶常退化成鳞片状：雄蕊12~18；小坚果具4条肋状突起，有翅或刺毛 ………………………………………………………… 3.沙拐枣属 Calligonum

　　　4.叶不退化成鳞片状：雄蕊6~8；小坚果不具肋状突起，亦无翅或刺毛 ………………………………………………………… 4.针枝蓼属 Atraphaxia

　　3.草本，很少为灌木

　　　　5.小坚果与花被等长或未露出 ……………………… 5.蓼属 Polygonum

　　　　5.小坚果超出花被1~2倍 ……………………………… 6.荞麦属 Fagopyrum

突出的特点：同号同位，将相对性质的特征都排列在同样距离，一目了然，便于应用。

缺点或不足：如果编排的种类过多，检索表势必偏斜而浪费很多篇幅。

3.1.2　平行式检索表

1.花被6片 ……………………………………………………………………………… 2

1.花被片4或5，很少为6片（裂） ……………………………………………… 3

　2.小坚果具翅；柱头头状；雄蕊通常9；内轮花被片在结果时不增大 ………………………………………………………………………… 1.大黄属 Rheum

　2.小坚果无翅；柱头画笔状；雄蕊通常6；内轮花被片在结果时增大 ………………………………………………………………………… 2.酸模属 Rumex

　　3.灌木 ……………………………………………………………………………… 4

　　3.草本，很少为灌木 ……………………………………………………………… 5

　　　4.叶常退化成鳞片状：雄蕊12~18；小坚果具4条肋状突起，有翅或刺毛 ……………………………………………………… 3.沙拐枣属 Calligonum

　　　4.叶不退化成鳞片状：雄蕊6~8；小坚果不具肋状突起，亦无翅或刺毛 ……………………………………………………… 4.针枝蓼属 Atraphaxia

　　　　5.小坚果与花被等长或未露出 ………………………… 5.蓼属 Polygonum

　　　　5.小坚果超出花被1~2倍 ……………………………… 6.荞麦属 Fagopyrum

突出的特点：同号相邻，左边对齐，排列整齐美观。

缺点或不足：相对来说，使用起来不是一目了然。

3.2　内蒙古自治区维管束植物分门、分科检索表

内蒙古自治区的维管束植物包括蕨类植物门、裸子植物门和被子植物门等3个门（赵一之，赵利清，2014）。下面分别对它们进行介绍。

维管束植物 TRACHEOPHYTA

1a. 植物无花，无种子，以孢子繁殖 ……………………… Ⅰ蕨类植物门 Pteridophyta

1b. 植物有花，以种子繁殖。

　2a. 胚珠外露，不包于子房内 ……………………… Ⅱ裸子植物门 Gymnospermae

　2b. 胚珠包于子房内 ………………………………… Ⅲ被子植物门 Angiospermae

I. 蕨类植物门 PTERIDOPHYTA

1a. 叶退化或细小呈鳞片形、钻形或披针形，远不如茎那样发达；孢子囊不聚生，呈囊群，而单生于顶枝的孢子叶腋，孢子叶组成或不组成孢子叶球或孢子囊穗。

　2a. 茎匍匐，多分枝，无明显的节，具叶；叶螺旋状排列或交互对生；孢子囊

生于孢子叶的叶腋，孢子囊散生枝顶或生枝顶组成孢子囊穗。

3a. 茎通常为辐射对称，无支撑根；叶通常一型，螺旋状排列；孢子囊与孢子同型……………………………………………… 1.石松科 Lycopodiaceae

3b. 茎有背腹之分，常有支撑根；叶二型，通常为鳞片形，扁平，背腹各2列或呈4行排列，或少叶一型，钻形，螺旋状着生，腹叶基部有1小舌状体（叶舌）；孢子囊与孢子异型 …………… 2.卷柏科 Selaginellaceae

2b. 茎为细长圆筒形，直立，中空，有明显的节，单生或在节上有轮生枝，无真正的叶，叶退化成轮生管状而有锯齿的鞘，包围在茎的节上；孢子囊多数，生于盾状鳞片形的孢子叶下面，在枝顶形成单生的孢子叶球 ……………………………………………………………… 3.木贼科 Equisetaceae

1b. 叶远较茎发达，单叶或复叶；孢子囊通常生于正常叶或特化叶的边缘或下面，或形成孢子囊穗，或聚生成圆形、条形、矩圆形或钩形的孢子囊群，或满布于叶片下面。

4a. 根状茎具肉质粗根；叶二型，均出自总柄；孢子囊的壁由多层细胞组成，厚而不透明。

5a. 复叶，1~3回羽状或掌状分裂；叶脉分离；孢子囊序为圆锥状，孢子囊圆球形，不陷入囊托内 ……………………4.阴地蕨科 Botrychiaceae

5b. 单叶；叶脉网状；孢子囊序为穗状，孢子囊扁圆球形，陷入囊托两侧 ………………………………………………5.瓶儿小草科 Ophioglossaceae

4b. 根状茎的根不为肉质；叶一型或二型，均分别出自根状茎；孢子囊的壁由一层细胞组成，薄而透明。

6a. 孢子同型；陆生、附生，或少为湿生植物，一般为中型或大型。

7a. 孢子囊群靠近叶缘着生，被向下反折并多少变质的叶缘所覆盖。

8a. 叶柄通常禾秆色；孢子囊生于小脉顶端相连的1条边脉上，形成长条形孢子囊群 ………………………… 6.蕨科 Pteridiaceae

8b. 叶柄和叶轴通常为栗棕色或深褐色；孢子囊群生于小脉顶端，幼时圆形，分离，成熟时往往汇合成条形；囊群盖连续不断或为不同程度的断裂 ……………………………………………………………………………………… 7.中国蕨科 Sinopteridaceae

7b. 孢子囊群生于叶背，远离叶边，如有囊群盖，则与上述形状不同。

9a. 叶为强度二型；不育叶1回羽状；能育叶的变质羽片向中肋反卷成筒状或狭缩成念珠状 ……………12.球子蕨科 Onocleaceae

9b. 叶为一型或二型；如为二型，则能育叶较不育叶仅为不同程度的变狭，从不反卷成筒状或念珠状。

10a. 孢子囊群圆形。

11a. 孢子囊群有盖。

12a. 叶柄质脆而易断，通常有关节；囊群盖下位，生于孢子囊群托基部，向上包被孢子囊群，球形，钵状、杯状或碟形，有时撕裂成睫毛状 ……………………………………… 13. 岩蕨科 Woodsiaceae

12b. 叶柄不为上述情况；囊群盖上位，生于孢子囊群托顶端，覆盖于孢子囊群上，盾形，圆肾形或卵圆形。

13a. 囊群盖圆肾形或圆形。

14a. 植物体被淡灰白色单细胞的针状毛；叶柄基部横断面有两条扁宽的维管束 ……………… 10. 金星蕨科 Thelypteridaceae

14b. 植物体至少在根状茎上被宽鳞片，无针状毛；叶柄基部横断面有多条小圆形的维管束 …………………………………………………… 14. 鳞毛蕨科 Dryopteridaceae

13b. 囊群盖卵形或近圆形，基部稍压在成熟的孢子囊群之下 …………9. 蹄盖蕨科 Athyriaceae（冷蕨属 Cystopteris）

11b. 孢子囊群无盖。

15a. 叶二型，能育叶大，绿色，不育叶（又称腐殖叶）小，初时绿色，后变为枯黄色，坚硬，干膜质 ………………………………… 16. 槲蕨科 Drynariaceae

15b. 叶一型，如为二型，不育叶决不变为枯黄色和干膜质。

16a. 叶柄基部以关节着生于根状茎上；单叶，全缘或1回羽状 …… 15. 水龙骨科 Polypodiaceae

16b. 叶柄基部无关节；叶3回羽状细裂；羽片以关节着生于叶轴上 ……………………………………… 9. 蹄盖蕨科 Athyriaceae（羽节蕨属 Gymnocarpium)

10b. 孢子囊群矩圆形或条形。

17a. 孢子囊群生于小脉顶端或背上，有盖；囊群盖矩圆形、马蹄形或上端为钩形。

18a. 鳞片为粗筛孔形，网眼大而透明；叶柄内的两条维管束在叶轴上部不汇合；囊群盖矩圆形或条形，常单生于小脉向轴的一侧 …………………………………………………… 11. 铁角蕨科 Aspleniaceae

18b. 鳞片为细筛孔形，网眼狭小而不透明；叶柄内的两条维管束在叶轴上部汇合成V字形；囊群盖矩圆形、条形，或腊肠形，或上端弯钩成马蹄形，生于小脉的一侧或两侧 ……… 9. 蹄盖蕨科 Athyriaceae

17b. 孢子囊群沿小脉分布，无盖 …………… 8. 裸子蕨科 Hemioniyidaceae

6b. 孢子异型；水生植物（漂浮水面），小型 …… 17. 槐叶苹科 Salviniaceae

Ⅱ. 裸子植物门 GYMNOSPERMAE

1a. 乔木，稀为灌木；花无假花被；胚珠无珠被管。

2a. 叶和种鳞螺旋状排列，或叶簇生；叶针形或条形……… 18. 松科 Pinaceae

2b. 叶和种鳞对生或轮生；叶鳞片形或针形 ………… 19. 柏科 Cupressaceae

1b. 灌木或草本状灌木；花具假花被；胚珠顶端具珠被管；叶退化成鳞片状，膜质，对生，稀轮生 ……………………………………………20. 麻黄科 Ephedraceae

Ⅲ. 被子植物门 ANGIOSPERMAE

1a. 子叶2；花通常 4~5 基数（A. 双子叶植物纲 Dicotyledoncae）。

2a. 无花瓣；花萼有或无，或花萼呈花瓣状。

3a. 花单性，雄花排列成葇荑花序，或雌雄花都成葇荑花序。

4a. 叶为羽状复叶 ………………………………… 23. 胡桃科 Juglandaceae

4b. 叶为单叶。

5a. 果实下无壳斗；雌雄花都成葇荑花序或稀簇生。

6a. 种子被毛；蒴果 ………………………… 22. 杨柳科 Salicaceae

6b. 种子无毛；非蒴果。

7a. 花萼常4裂；聚花果 ……………………… 27. 桑科 Moraceae

7b. 花萼退化或无；坚果或小坚果……… 24. 桦木科 Betulaceae

5b. 坚果包在壳斗内；雌花单生或簇生 ………… 25. 壳斗科 Fagaceae

3b. 花单性、两性或杂性，但不形成葇荑花序。
8a. 子房每室含多数胚珠。
9a. 离生心皮；蓇突果……………………………42. 毛茛科 Ranunculaceae
9b. 合生心皮；蒴果。
10a. 直立草本。
11a. 花被裂片4 ………… 51. 虎耳草科Saxifragaceae（金腰属 Chrysosplenium)
11b. 花被裂片5 …………………… 36. 粟米草科 Molluginaceae
10b. 缠绕草本；花被管状，裂片1或3 ……………… 32. 马兜铃科 Aristolochiaceae
8b. 子房每室含1至数个胚珠。
12a. 雄花成球状头状花序，雌花2朵同生于具钩刺的总苞中 ……… ………………………… 124. 菊科 Compositae（苍耳属 Xanthium)
12b. 雌雄花非上述情况。
13a. 心皮2至多数，离生；聚合瘦果 …………………………… ……………………………………42. 毛茛科 Ranunculaceae
13b. 心皮单一或数个合生。
14a. 子房下位或半下位。
15a. 草本。
16a. 叶轮生；水生或沼生 ……………88. 杉叶藻科 Hippuridaceae
16b. 叶互生或对生；陆生。
17a. 叶互生。
18a. 多年生草本，野生；根非肉质 …… ……………… 30. 檀香科 Santalaceae
18b. 二年生草本，栽培；根肉质肥大 … … 34. 藜科 Chenopodiaceae（甜菜属 Beta)
17b. 叶对生，叶柄与基部相连 ……………… ……………… 21. 金粟兰科 Chloranthaceae
15b. 灌木或乔木。
19a. 叶互生，被银色鳞片；非寄生植物 ………… …………………… 83. 胡颓子科 Elaeagnaceae

19b. 叶对生，无银色鳞片；寄生植物 ……………………………………… 31.桑寄生科 Loranthaceae

14b. 子房上位。

20a. 具膜质托叶鞘……………………………………… 33.蓼科 Polygonaceae

20b. 无托叶鞘。

21a. 草本。

22a. 寄生肉质草本；叶鳞片互生；花杂性 ………………………………………………………89.锁阳科 Cynomoriaceae

22b. 非寄生草本；花两性或单性。

23a. 无花萼。

24a. 植株具乳汁；杯状聚伞花 ……………………………………………………63.大戟科 Euphorbiaceae

24b. 植株无乳汁；单花腋生 ……………………………………………………64. 水马齿科 Callitrichaceae

23b. 有花萼。

25a. 花萼呈花瓣状。

26a. 雄蕊与花萼裂片同数，二者不合生。

27a. 花排成头状或紧密穗状；羽状复叶……… 52.蔷薇科 Rosaceae（地榆属Sanguisorba)

27b. 花单生叶腋；单叶……………………………………………95. 报春花科 Primulaceae

26b. 雄蕊为花萼裂片的2倍或同数，但二者合生；花萼筒状 …………82.瑞香科 Thymelaeaceae

25b. 花萼不呈花瓣状。

28a. 花柱2或更多。

29a. 掌状复叶或单叶有掌状脉，有宿存的托叶……………… 28. 大麻科 Cannabaceae

29b. 叶有羽状脉，无托叶。

30a. 花有干膜质苞片……………………………………35.苋科 Amaranthaceae

30b. 花无干膜质苞片………………………………… 34.藜科 Chenopodiaceae

28b. 花柱单一。

31a. 叶细裂成丝状；水生植物………………
……………… 40. 金鱼藻科 Ceratophyllaceae

31b. 叶不裂成丝状，常有刺毛；陆生植物…
……………………… 29. 荨麻科 Urticaceae

21b. 木本。

32a. 单性花。

33a. 聚花果；萼片 4 ……………………………… 27. 桑科 Moraceae

33b. 蒴果或核果；萼片 5 或 3。

34a. 萼片 5；雄蕊 5；蒴果 ……… 63. 大戟科 Euphorbiaceae（白饭树属 Flueggea）

34b. 萼片 3；雄蕊 3；核果 …… 65. 岩高兰科 Empetraceae

32b. 两性花。

35a. 雄蕊 2；翅果；叶对生 …… 97. 木犀科 Oleaceae（白蜡树属 Fraxinus）

35b. 雄蕊 4~8；翅果或核果；叶互生………… 26. 榆科 Ulmaceae

2b. 花有花萼和花瓣。

36a. 花瓣分离。

37a. 雄蕊多数，10 枚以上，超过花瓣的 2 倍。

38a. 子房下位或半下位。

39a. 水生植物；叶浮于水面 …… 39. 睡莲科 Nymphaeaceae

39b. 陆生植物。

40a. 肉质草本；花萼裂片 2；蒴果盖裂 …… 37. 马齿苋科 Portulacaceae

40b. 木本。

41a. 叶互生，有托叶；梨果；无不育花 ………
…………………………… 52. 蔷薇科 Rosaceae

41b. 叶对生，无托叶；蒴果；花序边缘有不孕性花 …… 51. 虎耳草科 Saxifragaceae（八仙花属 Hydrangea）

38b. 子房上位。

42a. 周位花；萼片 4~5；花瓣 4~5；雄蕊多数，三者均着生在花托的边缘
…………………………………………………… 52. 蔷薇科 Rosaceae

42b. 下位花。

43a. 花瓣多数，狭楔形；水生植物 ………………………………………………………………… 39. 睡莲科 Nymphaeaceae（萍蓬草属 Nuphar）

43b. 非上述情况。

44a. 离生心皮。

45a. 茎缠绕或攀援。

46a. 叶对生；花两性 ……………………………………………… 42. 毛茛科 Ranunculaceae（铁线莲属 Clematis）

46b. 叶互生；花单性。

47a. 心皮3~6；核果黑紫色 ……………………………………………………………… 44. 防己科 Menispermaceae

47b. 心皮多数；浆果红色 ………………………………………………………………45. 五味子科 Schisandraceae

45b. 茎直立。

48a. 无托叶；种子有胚乳；雄蕊螺旋状排列于花托上。

49a. 花大型；具花盘 ……………… 41. 芍药科 Paeoniaceae

49b. 花小型；无花盘 ……… 42. 毛茛科 Ranunculaceae

48b. 常有托叶；种子无胚乳；雄蕊轮状排列于花托的边缘 ……………………………………………… 52. 蔷薇科 Rosaceae

44b. 心皮合生。

50a. 单体雄蕊；花药1室 ……………… 74. 锦葵科 Malvaceae

50b. 非上述情况。

51a. 聚伞花序；花序轴下半部与苞片合生；木本；被星状毛……………………………… 73. 椴树科 Tiliaceae

51b. 花序轴不与苞片合生。

52a. 单性花。

53a. 雌雄同株；子房3室；蒴果 ……………………………………63. 大戟科 Euphorbiaceae

53b. 雌雄异株；子房5室；浆果 ……………………………………… 75. 猕猴桃科 Actinidiaceae

52b. 两性花。

54a. 雄蕊花丝合生成3~5束 ………………………………………………… 76.藤黄科 Clusiaceae

54b. 雄蕊离生。

55a. 植株具乳汁；萼片2；花瓣4 …… 46. 罂粟科 Papaveraceae

55b. 植株无乳汁；萼片5，少4；花瓣5，少4。

56a. 萼片4~5，大小一样；子房3~5室；中轴胎座。

57a. 浆果状核果；单叶，不分裂，肉质；灌木……………………………………………… 57. 白刺科 Nitrariaceae

57b. 蒴果；叶2~3回羽状全裂，草质；草本…… 58. 骆驼蓬科 Peganaceae

56b. 萼片5，3大2小；子房1室；侧膜胎座…………………… 80. 半日花科 Cistaceae

37b. 雄蕊10或更少，如多于10时则不超过花瓣的2倍。

58a. 成熟雄蕊与花瓣同数且对生。

59a. 心皮5~10，分离；聚合瘦果；草本 ……………………………… 52. 蔷薇科 Rosaceae（地蔷薇属 Chamaerhodos）

59b. 合生心皮。

60a. 子房1室。

6la. 具刺灌木；萼片6；花瓣6；雄蕊6；花药瓣裂；心皮单一……… 43. 小檗科 Berberidaceae

61b. 草本；萼片2；花瓣4；雄蕊4；花药纵裂；心皮2，合生 ……… 46. 罂粟科 Papaveraceae (角茴香属 Hypecoum)

60b. 子房2至数室。

62a. 藤本，有卷须；单叶或复叶 …… 72. 葡萄科 Vitaceae

62b. 直立灌木或乔木，无卷须；单叶 …………………………………… 71. 鼠李科 Rhamnaceae

58b. 成熟雄蕊与花瓣不同数，或同数与花瓣互生。

63a. 子房下位。

64a. 伞形花序或复伞形花序。

65a. 草本；双悬果 …… 91. 伞形科 Umbelliferae

65b. 木本；浆果或核果 …… 90. 五加科 Araliaceae

64b. 非伞形花序。

66a. 水生植物。

67a. 花两性；叶互生，浮于水面 ………………………………… 85. 菱科 Trapaceae

67b. 花单性或杂性；叶轮生，沉于水中 ……………… 87.小二仙草科 Haloragaceae

66b. 陆生植物。

68a. 草本；萼片2或4；花瓣2或4；雄蕊2或8 ……………… 86.柳叶菜科 Onagraceae

68b. 木本植物。

69a. 子房1室，含多数胚珠；浆果……………… 51.虎耳草科 Saxifragaceae

69b. 子房2室，含1~2胚珠；核果 ……………… 92. 山茱萸科 Cornaceae

63b. 子房上位。

70a. 叶片上具透明腺点 ………… 60. 芸香科 Rutaceae

70b. 叶片上无透明腺点。

71a. 心皮离生。

72a. 肉质草本；心皮通常5 ……… 50. 景天科 Crassulaceae

72b. 非肉质草本；心皮2 ……… 51.虎耳草科 Saxifragaceae（红升麻属 Astilbe)

71b. 心皮单一或数个合生。

73a. 心皮2或数个合生。

74a. 花冠十字形；雄蕊 6，四强雄蕊，稀2~4；角果…………………………………………48.十字花科 Cruciferae

74b. 不为上述情况。

75a. 子房每室1胚珠；乔木；奇数羽状复叶 …………66. 漆树科 Anacardiaceae

75b. 子房每室2至多数胚珠；草本或灌木。

76a. 子房1室。

77a. 特立中央胎座或基生胎座 …………………… 38.石竹科 Caryophyllaceae

77b. 侧膜胎座。

78a. 花辐射对称。

79a. 水生食虫植物；叶折成囊状 ………………………………………………………………………… 49.茅膏菜科 Droseraceae

79b. 非上述情况。

80a. 花瓣内侧无鳞片状附属物；种子被毛 ………………………………………………………… 79. 柽柳科 Tamaricaceae

80b. 花瓣内侧有鳞片状附属物；种子无毛 ……………………………………………………… 78.瓣鳞花科 Frankeniaceae

78b. 花两侧对称，有距；种子无毛。

81a. 花2基数；雌蕊2心皮合生 …………………47.紫堇科 Fumariaceae

81b. 花5基数；雌蕊3心皮合生 …………………… 81.堇菜科 Violaceae

76b. 子房2至多室。

82a. 花两侧对称。

83a. 萼片3，其中1片有距；雄蕊5 ……… 70.凤仙花科 Balsaminaceae

83b. 萼片5，无距；雄蕊8 ……………………62.远志科 Polygalaceae

82b. 花辐射对称。

84a. 雄蕊与花瓣不同数，亦非为其2倍，通常8枚雄蕊。

85a. 叶对生；双翅果 ……………………… 68. 槭树科 Aceraceae

85b. 叶互生；蒴果 ……………………… 69.无患子科 Sapindaceae

84b. 雄蕊与花瓣同数，或为其2倍。

86a. 复叶。

87a. 羽状复叶。

88a. 双数羽状复叶；草本或灌木 ……………………………………………… 59. 蒺藜科 Zygophyllaceae

88b. 单数羽状复叶；乔木 …… 61.苦木科 Simarubaceae

87b. 掌状三出复叶 ……………… 54.酢浆草科 Oxalidaceae

86b. 单叶。

89a. 木本；种子有红色假种皮 ………67.卫矛科 Celastraceae

89b. 草本；种子无红色假种皮。

90a. 花药顶孔开裂 …………… 93.鹿蹄草科 Pyrolaceae

90b. 花药纵裂。

91a. 花瓣和雄蕊都着生在花萼管上…………………………………………………… 84. 千屈菜科 Lythraceae

91b. 花瓣和雄蕊都着生在花托上，萼片离生。

92a. 有假雄蕊；花白色，单生；蒴果……………………………… 51. 虎耳草科 Saxifragaceae

92b. 无假雄蕊。

93a. 陆生植物。

94a. 雄蕊花丝基部合生；花柱分离…………………… 56. 亚麻科 Linaceae

94b. 雄蕊分离；花柱合生………………………… 55. 牻牛儿苗科 Geraniaceae

93b. 水生或沼生草本；叶对生或轮生；花极小，单生于叶腋…………………………………… 77. 沟繁缕科 Elatinaceae

73b. 心皮1；子房1室。

95a. 蝶形花冠，花瓣4~5，花萼4~5，雄蕊（9）+1或8~10个分离；荚果……………………………………………………… 53. 豆科 Leguminosae

95b. 辐射花冠，花瓣3，花萼3，雄蕊3；瘦果 ……………………………………………………………… 52. 蔷薇科 Rosaceae（绵刺属 Potaninia）

36b. 花瓣合生或基部多少合生。

96a. 雄蕊与花冠裂片同数而对生。

97a. 花柱1；果实含数个至多数种子………… 95. 报春花科 Primulaceae

97b. 花柱5；果实含1粒种子 …………… 96. 白花丹科 Plumbaginaceae

96b. 雄蕊与花冠裂片同数而互生，或较花冠裂片少而互生。

98a. 子房下位。

99a. 草质藤本，有卷须；瓠果 ……… 122. 葫芦科 Cucurbitaceae

99b. 茎直立或藤本，无卷须；非瓠果。

100a. 头状花序。

101a. 雄蕊花药合生，花丝分离，为聚药雄蕊……………………………………124. 菊科 Compositae

101b. 雄蕊离生………………… 121. 川续断科 Dipsacaceae

100b. 非头状花序。

102a. 雄蕊与花冠裂片同数或为其2倍。

103a. 具托叶，叶轮生或对生；草质藤本 ………………………………… 117. 茜草科 Rubiaceae

103b. 无托叶。

104a. 子房半下位；雄蕊为花瓣裂片的2倍；花药1室 …… 119. 五福花科 Adoxaceae

104b. 子房下位；雄蕊与花冠裂片同数；花药2室。

105a. 木本；无乳汁或液汁 ………………… 118. 忍冬科 Caprifoliaceae

105b. 草本；有乳汁或液汁 ………………… 123. 桔梗科 Campanulaceae

102b. 雄蕊较花冠裂片少。

106a. 子房 2~4 室，所有的子房室均可成熟；水生草本 ……………… 112. 胡麻科 Pedaliaceae (茶菱属 Trapella)

106b. 子房3或4室，仅其中1或2时可成熟；陆生草本 ………………120. 败酱科 Valerianaceae

98b. 子房上位。

107a. 雌蕊有2个子房，2条花柱在顶端合生，柱头1。

108a. 雄蕊分离；花粉粒彼此分离……………………………………………………………… 101. 夹竹桃科 Apocynaceae

108b. 雄蕊互相联合；花粉粒常联合成花粉块 …………………………………………………… 102. 萝藦科 Asclepiadaceae

107b. 非上述情况。

109a. 雄蕊着生在花盘上；花药常顶孔开裂；木本植物……………………………………………… 94. 杜鹃花科 Ericaceae

109b. 雄蕊着生在花冠上。

110a. 子房4深裂；花柱着生在子房基部。

111a. 叶对生；花冠两侧对称，唇形 ……………………………………… 108. 唇形科 Labiatae

111b. 叶互生；花冠辐射对称……………………………………………… 106. 紫草科 Boraginaceae

110b. 子房不深裂；花柱自子房顶端伸出。
112a. 花冠辐射对称，不成唇形。
113a. 雄蕊2。
114a. 木本 ……… 97.木犀科 Oleaceae
114b. 草本 ………………………………… 110.玄参科 Scrophulariaceae
113b. 雄蕊 4~5。
115a. 子房1室；侧膜胎座。
116a. 叶对生；花冠裂片旋转状或覆瓦状排列；陆生植物 …99.龙胆科 Gentianaceae
116b. 叶互生；花冠裂片内向镊合状排列；水生或沼生植物 ………… 100.睡菜科 Menyanthaceae
115b. 子房2至多室。
117a. 无叶寄生草质藤本 ………………………………………………… 104.菟丝子科 Cuscutaceae
117b. 自生绿色植物。
118a. 雄蕊 4。
119a. 草本；叶基生 ………………………… 116.车前科 Plantaginaceae
119b. 木本；叶茎生 ……………………………………98. 马钱科 Loganiaceae
118b. 雄蕊5。
120a. 花冠完整，几无裂片；萼片离生或仅基部合生 ……………………… 103.旋花科 Convolvulaceae
120b. 花冠明显具裂片；萼片合生。
121a. 子房3室 …………… 105. 花荵科 Polemoniaceae
121b. 子房2室。
122a. 子房每室 1~2 胚珠；核果状………………………………… 106. 紫草科 Boraginaceae（紫丹属

Tournefortia)

122b. 子房每室多数胚珠；浆果或蒴果…………

……………………… 109. 茄科 Solanaceae

112b. 花冠两侧对称，成唇形。

123a. 自生绿色植物。

124a. 水生食虫植物，有捕虫囊 ……… 114. 狸藻科 Lentibulariaceae

124b. 陆生植物。

125a. 子房每室有1~2胚珠。

126a. 子房2~4室，共含2或更多的胚珠 ………………

………………………… 107. 马鞭草科 Verbenaceae

126b. 子房1室，仅含1胚珠 ……………………………

…………………………115. 透骨草科 Phrymataceae

125b. 子房每室有多数或几个胚珠。

127a. 种子有翅，无胚珠。

128a. 子房1室；侧膜胎座有时因侧膜胎座深入而为2室成中央胎座……………………………

……………………… 111. 紫葳科 Bignoniaceae

128b. 子房2室，每室由假隔膜又分为2室；中轴胎座 ………………………………………

… 112. 胡麻科 Pedaliaceae（胡麻属 Sesamum）

127b. 种子无翅，有胚珠 …… 110. 玄参科 Scrophulariaceae

123b. 寄生草本；叶退化成鳞片状 …………… 113. 列当科 Orobanchaceae

1b. 子叶1片；叶通常有平行叶脉；花常3基数（B. 单子叶植物纲 Monocotyledoneae）。

129a. 无花被。

130a. 花包藏在颖片（壳状鳞片）中，由1至多数花形成小穗。

131a. 秆实心，多少呈三棱形；茎生叶成3行排列；叶鞘闭合；蒴果或囊果 ……………………… 134. 莎草科 Cyperaceae

131b. 秆中空，圆筒形；茎生叶成2行排列；叶鞘常在一侧开裂；颖果 ……………………………… 133. 禾本科 Gramineae

130b. 花不包藏在颖片中。

132a. 植物体微小，无叶，仅有漂浮水面或沉于水中的叶状体

……………………………………… 137. 浮萍科 Lemnaceae

132b. 植物体有茎和叶。

133a. 花腋生，不成稠密的花序。

134a. 叶缘无刺；柱头1，斜盾状 ……………………………………… 128.角果藻科 Zannichelliaceae

134b. 叶缘常具刺；柱头2~4……………………………………… 129.水鳖科 Hydrocharitaceae

133b. 花密集成稠密的花序。

135a. 花形成球形的头状花序。

136a. 头状花序单生于基部无叶的花葶顶端；叶狭窄，呈禾叶状 ……………………………………… 138. 谷精草科 Eriocaulaceae

136b. 头状花序散生于具叶的茎或枝条的上部，雄花序在上，雌花序在下 ……………………………… 126.黑三棱科 Sparganiaceae

135b. 花形成紧密的穗状花序。

137a. 花序形如蜡烛状，具多数毛状小苞片，无佛焰苞 …………… 125. 香蒲科 Typhaceae

137b. 花序不成蜡烛状，无毛状小苞片，具明显的佛焰苞 ………… 136.天南星科 Araceae

129b. 花有花被。

138a. 心皮离生。

139a. 花3基数。

140a. 伞形花序；蓇突果 …………… 132.花蔺科 Butomaceae

140b. 花常轮生成总状或圆锥花序；聚合瘦果 ……………………………………………… 131. 泽泻科 Alismataceae

139a. 花4基数；花被片4；雄蕊4；心皮4；水生植物 ……………………………………………… 127. 眼子菜科 Potamogetonaceae

138b. 心皮合生。

14la. 子房上位。

142a. 肉穗花序 ……………………………… 135.菖蒲科 Acoraceae

142b. 非肉穗花序。

143a. 花小，花被片绿色，风媒。

144a. 穗形总状花序；蒴果自宿存的中轴上裂为3~6瓣，每果瓣内仅有1粒种子 ……………

……………………130水麦冬科 Juncaginaceae

144b. 圆锥花序、伞形花序或头状花序；蒴果室背开裂，内有3至多数种子……………………

……………………… 141.灯心草科 Juncaceae

143b. 花大，花被片有明显的色彩，虫媒。

145a. 花被分为花萼与花冠。

146a. 叶互生，基部具鞘；顶生或腋生的聚伞花序；雄蕊6或3 ………………………

………… 139. 鸭跖草科 Commelinaceae

146b. 叶生于茎顶成一轮；花单一顶生；雄蕊常8 ……………………………………

… 142. 百合科Liliaceae（重楼属 Paris)

145b. 花被裂片彼此相同。

147a. 直立或漂浮的水生植物；雄蕊 6，大小不等 …… 140.雨久花科 Pontederiaceae

147b. 陆生植物；雄蕊6或4，彼此相同 …

……………………142.百合科 Liliaceae

141b. 子房下位。

148a. 花辐射对称。

149a. 茎缠绕；叶具网状叶脉；花小，单性 ……………

………………………… 143.薯蓣科 Dioscoreaceae

149b. 茎直立；叶具平行叶脉；花大，两性 ……………

…………………………………… 44.鸢尾科 Iridaceae

148b. 花两侧对称；雄蕊1或2，常和花柱合生 ………………

………………………………………… 145. 兰科 Orchidaceae

第4章　高等植物标本采集与制作

4.1　标本的采集

一株植物或者植物体的一部分经过压制干燥后，固定在台纸上就是腊叶标本或干制标本。它可以长期保藏，供教学及科研使用。标本通常在野外采集，采集的标本要求按照一定的规格和方法，才能保证质量。

（1）采集用具。标本夹（45厘米 × 30厘米）、标本纸（吸收植物水分）、标本瓶、采集箱或塑料袋、枝剪、小抄网、小镐、掘根器、镊子、放大镜、标本野外记录册及标本号牌、小纸袋、放大镜及米尺等。

（2）标本力求完整。为了鉴定植物的准确性，应采取具有花（果）、枝（含顶端部分）、叶、根等器官的植株或其中一部分。一般地，高不足40厘米的草本应整株掘起压制标本，遇到很高大的植物则有时采用反复折叠或选取有代表性的上、中、下三段压制标本；若个体甚小，则可以多采几株以排满标本纸为宜。木本植物标本应选择采集具有花果的枝端。叶过大者可剪去一半，但务必保留顶端。植被调查中常遇到无花无果的植物，也要采制标本，以供检验审核。

采集苔藓植物时对生态环境和生活型进行观察记录，对孢子体和配子体的形态、生长方式，叶的排列和颜色、光泽等都要观察记录，判断其所属的纲、科、属。对于漂浮在水面的苔藓植物，可用小抄网捞取，装入标本瓶中。而对于生在潮湿和积水地里的植物，用手或镊子夹取，装入标本瓶，或用手挤干水后稍晒一会儿，装入采集袋。生于石头缝中的苔藓用刀刮取；生于树干上者用刀削取；生于枝上者连同枝截取。对于土生苔藓，连同土层铲起，注意假根不要破坏。采集的苔藓植物应有孢蒴。另外，由于苔藓植物的孢子体成熟后，有的蒴帽易脱落，采集时应注意收集蒴帽装入纸袋中。有些树生藓类，还要记录树种名称。有些苔类的配子体是雌雄异株，应注意标本性别；即使是雌雄同体者，也要注意雌器托和雄器托的变化和形态。苔藓植物的采集，特别要注意对配子体和孢子体的形态进行记录。

蕨类植物孢子体较发达，蕨类植物标本应是具根状茎、叶及有孢子囊的植株。对于水生植株和一些小型植株，要采集全株；对于较大的植株，可分段采集，将完整的叶片和一段茎分别编上相同的号码。采集时，对于孢子叶和营养叶分开的蕨类植物，要分别采集并编上相同的号码。叶柄基部和茎上的鳞片等附属物，往往是分类学上的重要依据之一，采集蕨类植物标本时要注意保存叶柄。

（3）标本要编号登记。每种标本皆应拴好标签，上面记有按一定顺序编排的号码，每种植物若重复多采时应挂相同号牌。若植物叶片巨大，需要分段分别压制时，亦挂相同号牌，但应注明a、b、c等字样。

采集记录要在采集时登记，避免追忆发生错误。采集号、产地、海拔高度、生境、习性、植株高度均需记载清楚，凡压制后容易发生变异的各器官特征都应立即填写清楚，如颜色、大小等。

如果标本采于植被调查样地，而且已有暂定名，必须记录在册，防止混乱。

4.2　标本的压制

4.2.1　浸制标本的制作

对于含水较多的植物或水生植物，因体内含水较多，制干后标本非常薄，易变形失真，这些植物宜制成浸制标本。将植株整理干净后放入标本瓶，用5%福尔马林溶液浸泡即可；也可用70%乙醇溶液浸泡，但脱色严重。如需保色，可先将植株放入饱和硫酸铜水溶液中浸泡24~48小时，取出洗净，再转入5%福尔马林溶液中存放，瓶口要密封。

4.2.2　干制标本的制作

大多数苔藓植物宜制作干标本，尤其是藓类植物。直接将采集的标本连同纸袋（打开口）放在通风处晾干，避免阳光直晒。干燥后在袋外贴上采集签和定名签，即可入柜保存，无须消毒处理。标本袋也可用20厘米×22厘米牛皮纸折叠成的纸袋。

4.2.3　腊叶标本的制作

（1）压制方法。

① 将采集回来的新鲜植物标本进行初步整理，适当剪除重叠过多的枝叶、花果，洗去根部的泥土等。

② 将一块标本夹放平，上置4或5层吸水纸，再把经过初步整理的植物标本平展于吸水纸之上，每放一份植物标本都要仔细整理，把折叠的叶理平，正面和反面的叶子都应各压一些（以便观察叶的正面和反面上的特征），如果叶子非常大，可将叶子的一侧剪去一些，但叶尖必须保留；

③ 花、果实应完全露出，不要被叶子盖住；

④ 花序、果序应按其野外生长状态压，如原来是下垂的，不可压成直立的；

⑤ 肉质植物和比较大的果实标本在压制前可先在80~90℃水中烫3~4秒后再压制，也可将它们切开后再压制；在放置植物标本时，要不断调换植物标本的根部或粗大部分的位置，以保持整个标本的平整。

⑥ 标本整理好后盖上2或3层吸水纸（潮湿、肉质植物标本要多盖几层吸水纸）。以后每隔2或3层吸水纸放一份植物标本，这样边整理边压制，当标本达到一定高度后，再盖上另一块标本夹，用绳捆紧，置于通风干燥处。

⑦ 以后每天都要更换干纸，同时加以必要的整理。待标本稍干，隔纸可略减厚度，夹子则宜稍增压力，正常晴日7~8天可干。每天换下的湿纸在阳光下晒干或烘干，以备换用。现在人们使用熨斗隔纸熨压标本，干燥快而变色少，效果较好。

（2）上台纸。待标本完全压干以后，要及时上台纸，制成腊叶标本，以便保存。这项工作一般是在室内进行。标本在上台纸前，要进行消毒（苔藓植物不用消毒），然后再将干燥的标本用针线或透明胶带固定在洁白坚硬的台纸上，同时附以采集记录。从而完成腊叶标本的全部制作过程。腊叶标本的质地干脆易断，使用和搬动时要注意保护，不能随意从成套标本中抽拉、硬塞，也不能随意翻动干燥的叶片和花被等。标本一般应按科、属分类存放，既便于查找，又不易损坏。

第5章　植物区系分析

植物区系是某一地区、某一时期、某一分类群、某类植被等所有植物的总称。同一植物区系的分布范围大体与具有某一特征的自然环境相联系，反映了其发展进程与古地理或现代自然条件间的关系。植物区系分析对于认识一个地区的地质历史具有重要的意义。在许多情况下，植物分布区的形状和植物区系组成不能用现代的生态因素解释，而只能用地史因素解释。因此，根据一个地区的植物区系分析可以判断该地区的地质变迁。一般来说，一个地质上古老的地区其植物区系种类比较丰富，而年轻的地区其植物相对比较匮乏。通过植物区系分析，可以查明植物较高级分类学单位（如科）发生的许多问题。

5.1　植物区系分析

研究植物区系时，通常将一个地区的植物进行科、属、种的数量统计，然后再把所有植物按其分布区类型、种的发生地和迁移路线等分成若干群，统称为植物区系成分，以地理成分最为常用。中国种子植物科、属的分布情况如表5-1所示。吴征镒将我国种子植物属（3116属）归纳合并为15种类型即15种地理成分（见表5-2）。

表5-1　　中国种子植物科的分布区类型

类型	科数	占比（%）	属数	占比（%）
世界分布	63	—	104	—
热带分布	187	63.6	1 524	50.6
温带分布	92	31.3	944	31.4
古地中海或泛地中海分布	11	3.7	287	9.5
中国特有	4	1.4	257	8.5
合计	357	100	3 116	100

资料来源：吴征镒，1992；2003.

表 5-2　中国种子植物属的分布区类型

分布类型		属数	占比（%）	代表性植物
	1. 世界分布	100	3.1	芦苇、香蒲等
热带分布 1 524 属（50.6%）	2. 泛热带分布	358	11.0	黄檀、柿、枣等
	3. 热带亚洲－热带美洲间断分布	80	2.5	楠、无患子、花生（归化）等
	4. 旧世界热带分布	177	5.4	合欢、芭蕉等
	5. 热带亚洲－热带大洋洲分布	220	6.8	樟、蒲葵等
	6. 热带亚洲－热带非洲分布	136	4.2	厚皮树、木棉等
	7. 热带亚洲分布	610	18.7	望天树、芒果、构树、山楂等
温带分布（含东亚分布 944 属）31.3%	8. 北温带分布	307	9.4	杨、柳、栗、栎、桦木、蔷薇、胡桃、槭、云杉、冷杉等
	9. 东亚－北美洲际间断分布	133	4.1	鹅掌楸、八角茴香、皂荚、胡枝子等
	10. 旧世界温带分布	207	6.4	丁香、梨、芨芨草、羊草
	11. 温带亚洲分布	61	1.9	米口袋、大黄等
古地中海分布 287 属 9.5%	12. 地中海、西亚至中亚分布	150	4.6	琐琐、盐抓抓等
	13. 中亚分布	141	4.3	罗布麻、兔唇花等
温带分布	14. 东亚分布	328	10.1	猕猴桃、枫杨、领春木、毛竹等
	15. 中国特有分布	248	7.6	青檀、蜡梅、水杉、银山、金钱松等
合计		3 256	100	

资料来源：吴征镒，等. 中国种子植物区系地理［M］. 北京：科学出版社，2019.

科的分布区类型：按照吴征镒等（1992；2003）中国种子植物科的分布区类型系统，对野外调查的植物科的区系特征进行统计分析。

属的分布区类型：根据吴征镒等（1992）划分分布区类型系统进行分析。

5.2　地区间植物区系比较分析

各地区植物区系之间既有相互联系的一面，又有独立发展的一面。具体情况不仅可以反映地区间植物区系之间的联系，而且能够反映不同地区环境和自然演化史的共同性程度或者关系的密切程度，为此需要进行植物区系间的比较分析。因为对种的概念理解不同，各家划分的种有大小、多少的差异，不便比较种的数目，而属是较为清楚和稳定的分类单位，一般用来进行区系类型统计，但通常将世界属排除不计。

5.2.1　属的相似性系数

运用不同地区间属的相似性系数来比较植物区系的相似程度。地区间植物区系的相似程度可使用简单的计算求出，设甲乙两地各分布有A属植物与B属植物，两地共有C属植物，按不同的计算方法，均可获得相似性系数。

$$K_{jaccard}=\frac{C}{A+B-C}$$

$$K_{sorensen}=\frac{2C}{A+B}$$

$$S_{sz}=\frac{C}{\min(A,B)}$$

式中，$K_{jaccard}$、$K_{sorensen}$和S_{sz}为相似性系数；A为甲地植物属数；B为乙地植物属数；C为两地共有属数。

上述指数值有所不同，但是同样反映共有属数所占的比重，从而说明两地植物区系属的相似程度。两地的共有属数越多，相似性系数越大，其关系越亲近。一般来说，相似性指数的值超过50%，则表明两地植物区系之间的关系密切。

5.2.2　科的相似性系数

以科来对比不同地区植物区系的相似性程度。科的相似性系数常常用于更大范围植物区系分析，科相似性系数计算公式为：

$$\text{相似性系数}=\frac{\text{某地与对比地区共有科数}}{\text{某地全部科数}}\times 100\%$$

第6章　植物群落的数量特征调查分析

植物群落的调查目的：

（1）对不同群落相互比较、进行分类，以达到认识和识别群落的目的。

（2）将植物群落的分布或变异和生境条件的变化加以比较，阐明群落与环境的联系。

（3）对同一群落类型进行分析，阐明它的内部结构与均匀程度。

（4）将同一群落在不同时期加以比较，说明它的动态变化规律。不管要达到哪个目的，都要对群落进行调查。群落的数量特征是群落调查的重要内容，在植物生态学日益成为定量科学的今天，尤其如此。

植物群落的样方取样法适用于所有主要植物类群，样方法可以取得群落结构、组成的定量数据，是研究植物群落数量特征的主要方法，它所获得的第一手资料详细、可靠，可作为其他调查方法，如估算法、目测法精确程度的对照依据，因而成为最被广泛应用的植物群落取样技术。

在野外实习中要求学生必须掌握这个方法，并学会分析、整理样本方法所获得的资料，认识实习地区植物群落的特征及分布规律。

6.1　样方的设置及其面积和数目的确定

实习地区的植物群落有多种类型，各类群落所占据的空间和位置不同，或大或小，或连续或分散。因而在野外进行群落数量特征的研究，涉及的对象是庞大的或无法确知的整体，由于时间、空间和人力的限制，一般不可能，也不需要将全部对象和所有地段进行全面的调查，特别是数量特征，更不可能全部查清。所以一般采用抽样调查技术完成这一任务，其实质是通过调查具代表性、有一定大小面积的植物群落的各项特征，以此估计、推断此类群落的整体特征。这种抽样技术选取的测量地块一般为方形或长方形，所以把这种调查方法称为样方法（如果选取的地块为圆形，则称为样圆法）。用样方法调查植物群落时，将涉及样方的设置（布局）、面积大小、数量等问题。

6.1.1　样方设置

样方的面积，可能仅占某个植物群落在一个地段总面积的几百分之一或几千分之一，在大范围内怎样合理设置样方，直接影响着调查结果的准确性。样方的设置有多种方式，这里介绍三种常见的设置方法，可根据调查的目的和群落的实际情况而加以选用。

（1）代表性取样。代表性取样就是从群落所在空间中，调查者主观选择认为有代表性的、典型的或有某种特点的地段作为调查样方。虽然这样设置样方，调查获得的资料容易有偏差或遗漏，因而没有系统设置方式真实，也没有随机设置科学，但因为较节省人力、物力和时间，又能学到调查的基本方法，比较适于野外实习中采用。实际上，在某些情况下，这种样方设置方法往往成为唯一可供选择的方法。

（2）系统取样（规则取样、机械取样）。系统取样就是严格按照一定的规则（方向和距离）确定样方位置，如梅花形取样、对角线取样、方格法取样等，在面积十分广阔的森林和草地中这是一种通用的方法。其优点是布点均匀，定址简便。在群落调查中，就是使样方以相等的间隔占满整个群落；或在群落内设置几条等距离的样带，然后把样方以相等的间距安排在这些样带上。

（3）随机取样。随机取样的基本原则是，使某类群落各个部分都有同等机会（等概率）被抽取作样方。随机确定样方的方法很多，通常可在两条互相垂直的轴上，根据成对的随机数字来确定样方位置；或通过罗盘，在任意一个方向上，以随机步程法来确定样方地点，然后换过一个方向，再重复进行。至于随机数字的获得，可用抽签、游戏纸牌或使用随机数字表来得到。

6.1.2　样方面积

用多大的样方面积，直接影响调查植物群落的质量，应先确定某地、某植物群落的最小样方面积。其方法是：随机选取一个最小面积地块，统计其中植物的种类和种数，然后逐渐向外扩展地块面积，每扩展一次，登记新发现的种类，当达到一定样方面积后，种数不再增加，这时扩展后的样方面积就是该地段、某种植物群落的样方最小面积。一般情况下，大多采用巢式扩展来确定样方最小面积（见表6-1）。已知样方最小面积的经验值分别是：

草本植物群落1~10平方米

灌丛16~100平方米

单纯针叶林100平方米（10 × 10）

针阔混交林、夏绿落叶阔叶林500平方米（20 × 25）

亚热带常绿阔叶林1 000~2 000平方米

荒漠128~256平方米

沙漠512平方米

表6-1　巢式扩展确定最小样方面积

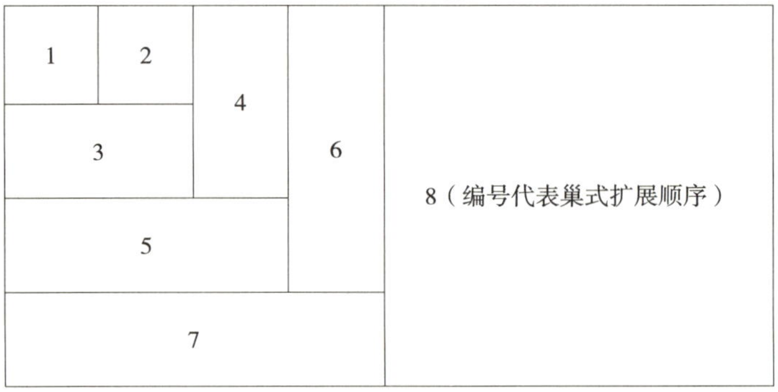

在野外实习时，可根据调查地区植物群落的实际情况参考使用。

6.1.3　样方数目

由于人力和时间的原因，调查的样方数目不可能“越多越好”地布置。到底确定多少样方为宜，决定于调查地区植物群落结构的复杂程度。如果群落的种类组成、结构较为简单，则少数几个样方便能很好地反映出群落的特征；当群落的结构复杂且变化较大，植物分布不规则时，则应适当增加样方的数目，才能提高调查资料的可靠性，但调查时还要考虑实习人力、物力和财力的可能。根据统计检验理论和实际工作经验，样方数一般30~50个比较适宜，由此统计运算的结果才能比较真实地反映植物群落的面貌，样方数太少则难以准确反映。野外实习时让每个小组做30~50个样方显然不可能，但各小组可对同一群落平行调查，然后将各小组调查资料汇总进行统计、比较。调查时要注意所有样方都必须依照顺序编号，这样既可以避免混乱，也便于以后整理。

6.2　植物群落样方调查内容和方法

植物群落样方调查的内容涉及面很广，野外实习只能着重调查环境因素与植物群落的关系、植物群落的外貌特征以及植物群落的数量特征。这也是样方调查最为主要的内容，能够基本上反映出植物群落的一般特征。

6.2.1　环境条件调查

具体内容有地理位置、地形状况、海拔高度、坡向、坡度、表层岩石、土壤类型、周围环境、人类影响、自然灾害等，将调查内容填入下表（见表6-2）。这些环境因素与植物群落的关系极为密切，如海拔高度不同，不仅土壤类型不同，而且植物群落的分布也不一样。在调查时要对这些环境因素做详细的记录。

表6-2　群落环境因素调查记录

调查者：______	调查日期：______	样方编号：______	面积：______
群落类型：______	群落名称：______	经纬度：______	
地形：______	海拔：______	坡向：______	坡度：______
土壤：______	岩石：______	地下水位：______	地形：______
地被物：______	周围情况：______	动物活动情况：______	
经济特点及利用情况：______			

6.2.2　植物群落的属性标志及其调查方法

植物群落的属性标志包括群落的种类组成、区系成分、生活型组成、植株物候期、植物生活力，以及植物间相互关系的其他表现，如层和层片的分化等。属性标志表现出群落的基本性质，是非常有用的。

（1）群落的分层结构。植物群落的成层现象是极其重要的特征。一般优势层能较好地反映外界环境，其他层则更多地表现出群落内部环境。层是群落的最大结构单位，在很大程度上决定了群落的外貌特征和群落类型位置。群落调查一般以层为单位分别进行，森林群落一般分成乔木层、灌木层、草本（及小灌木）层、地被层四个基本层。每层内若由一些不同高度，乃至有不同生态特征的物种构成时，通常进一步细分为若干亚层。

藤本植物和附生植物被列入层外植物（或称层间植物），单做记载。

（2）群落的种类组成。种类组成是群落的另一实质性属性特征。登记每个样方所有高等植物种类（分层进行）的工作必不可少，需认真而仔细，同时采集标本（即使自己以为认识），野外实习时学生不可能识别所有植物，尤其应当采集标本。不认识的种类可用采集号码代表，以后再定名订正。

登记植物种类时仍要遍查样方有无遗漏，有些种类在样方中没有，但分布在样方周围，也要登记，并且将名单分别填入各层中。

（3）生活型和生态类型组成。在天然和半天然植物群落中，所有植物种类不可能都属于同一生活型，而是由多种生活型所组成，因而为了更清楚地认识群落的生态特征，调查时应把组成群落的植物种类所属的生活型和单因子生态类型尽量弄清楚。

我国关于植物生活型的分类，一般采用丹麦学者饶基耶尔（Raunkiaer）的生活型系统和《中国植被》一书中所制定的生活型系统。饶基耶尔的生活型系统，强调植物营养体对气候的适应，选择更新芽的位置作为划分生活型的依据，把植物生活型分为五类：a 高位芽植物（Ph），更新芽位于距地面30厘米以上，多为乔木；b 地上芽植物（Ch），更新芽位于土壤表面至30厘米之间，多为灌木、半灌木植物；c 地面芽植物（H），更新芽位于近地表面土层内，常被地被物覆盖，为多年生草本植物；d隐芽植物（Cr），更新芽隐藏在地下或水中，为草本植物；e一年生植物（Th），靠种子越冬。调查时据此仔细统计填写，然后加以讨论（见表6-3）。

表6-3 植物生活型谱调查

植物名称	植物类别	生活型

《中国植被》采用的生活型系统，是根据植物体态划分的，共分为十四类：乔木、灌木、竹类、藤本、附生木本、寄生植物、半灌木和小灌木、多年生草本、一年生草本、寄生草本、腐生草本、水生草本、苔藓和地衣、藻菌植物等。实习时也可参照这种划分原则，进行讨论分析。

（4）物候期。物候期指的是调查时某种植物所处的发育期，可反映植物与环境的关系，既标志当地相应的气候特点，又说明植物对各样方、群落内部不同位置的小环境适应情况。野外调查时，大体可分为萌动、抽条、花前营养期、花蕾期、花期、结实、果（落）后营养期、（地上部分）枯死。通常使用简单图像符号或缩写字母代表，填写比较方便。

（5）生活力。在了解各种植物所处物候期以后，可以判断群落中各种植物生活是否正常有力。野外记录要求区分三级生活力：

强：植物发育良好，枝干发达，叶子大小和色泽正常，能够结实或有良好的营养繁殖。

中：植物枝叶的发展和繁殖能力都不强，或者营养生长虽然较好而不能正常结实繁殖。

弱：植物达不到正常的生长状态，显然受到抑制，甚至不能结实。

6.3 植物群落的数量标志及其调查方法

群落调查中定量测取植物个体、种群、层片、层等大小单位的生长和分布特征，可以更为确切地反映群落发展变化的幅度和速度，准确地了解植物群落特征，阐明各种植物之间的联系和影响，估算潜在的植物资源，判别植物群落间类型的差异程度提供有说服力的依据。群落的数量特征调查，涉及的项目较多，其中较重要的是密度、频度和优势度。

前面已经讲到，样方法主要是计算群落的数量特征。而要计算先得有观测数据，具体讲就是登记每个样方内所有的植物种类，要分层次有顺序地进行，如先登记高位芽植物（乔木）、地上芽植物（灌木），再登记地面芽植物（草本）、隐芽植物及地被物。此项工作是样方法非常重要的基础性工作，必须认真、仔细地测量，尽可能杜绝遗漏，按表6–4~表6–6所列的各个项目，填入测得的数据。

表6–4　植物群落乔木调查

调查者：________调查日期：________样方号：________样地面积：________
郁闭度：________群落名称：________

样方号	植物名称	高度/米	胸围/厘米	冠幅/厘米	枝下高/米	生活型	物候期

表6–5　植物群落灌木调查

调查者：________调查日期：________样方号：________样地面积：________
郁闭度：________群落名称：________

样方号	植物名称	层次	株数	盖度	高度/厘米	生活型	物候期

表6–6　植物群落草本调查

调查者：________调查日期：________样方号：________样地面积：________
郁闭度：________群落名称：________

样方号	植物名称	层次	高度/厘米	盖度	株（丛）数	生活型	物候期

在样方调查的基础上，根据层片结构记录表的有关数据，进行植物群落数量特征的计算、比较和分析。具体计算公式如下：

① 密度（D）=样方内某种植物的个体数/样方面积

相对密度（RD）=（某种植物的密度/全部植物种的总密度）×100%

② 频度（F）=某种植物出现的样方数/全部样方数

相对频度（RF）=（某种植物的频度/全部植物种的总频度）×100%

③ 优势度或显著度（DE）=样方内某种植物盖度或胸高断面积

相对优势度或相对显著度（RDE）=（某种植物优势度/所有种的优势度之和）×100%

根据这些公式计算的数值，填入样方抽样技术植物数量特征分析表（见表6–7），就可以清楚地看出各种植物在群落中的相互关系。并根据相对密度、相对频度、相对优势度（相对显著度）计算某种植物的重要值。重要值计算公式为：

重要值（IV）=相对密度（RD）+相对频度（RF）+相对优势度（显著度）（RDE）

表6–7　　样方抽样技术植物数量特征分析

植物名称	密度	相对密度	频度	相对频度	优势度	相对优势度	重要值

由于密度、频度、优势度从三个角度分别表示某种植物的数量特征，而它们的相对值则可以反映某种植物在群落全体组成成员中的重要地位，所以某种植物的相对密度、相对频度和相对优势度之和，便构成某种植物的重要值，从重要值的大小可以判断某一植物在群落中的重要程度。

6.4 植物群落物种多样性的测定

物种多样性是反映群落组织化水平，进而通过结构与功能的关系间接反映群落功能特征的指标。物种多样性研究具有以下三个方面的意义：① 认识群落的性质；② 为群落动态监测提供信息；③ 为群落的保护和利用提供依据。物种多样性测定的数据主要来自对植物群落的野外样地调查，内容包括物种的高度、盖度、多度（以单位面积株数表示）和乔木的胸径。其样地的设置可参考前述的固定观测样地设置方法。长期监测时可利用固定观测样地定期调查的数据。临时样地可参考下列指标在群落的典型地段设置样地：① 乔木层：20米 × 20米；② 灌木层：5米 × 5米；③ 草本层：1米 × 1米。各群落类型的临时样地至少3个以上重复。

（1）物种丰富度指数计算。物种丰富度即物种的数目，是最简单、最古老的物种多样性测度方法。直至目前，仍有许多生态学家，特别是植物生态学家使用。如果研究地区或样地面积在时间和空间上是确定的或可控制的，则物种丰富度会提供很有用的信息。物种丰富度与样方大小有关，但二者之间又没有确定的函数关系。

为了解决这个问题，一般采用两种方式：第一，用单位面积的物种数目，即物种密度来测度物种的丰富程度，这种方法多用于陆生植物的多样性研究，一般用每平方米的物种数目表示；第二，用一定数量的个体或生物量中的物种数目，即数量丰富度（numerical species richness）。这种方法多用于水域物种多样性研究，如用于浮游生物的物种多样性研究。

物种丰富度除用一定大小的样方内物种的数目表示外，还可以用物种数目与样方或个体总数的不同数学关系d来测度。d是物种数目随样方增大而增大的速率。已提出了多种指数，其中比较重要的有：

$$d_{Gl}=\frac{S}{\ln A}$$

$$d_{Ma}=\frac{(S-l)}{\ln N}$$

$$d_{Me}=\frac{S}{\sqrt{N}}$$

$$d_{Mo}=\frac{S}{N}$$

式中，d_{Gl}为Gleason指数；d_{Ma}为Margalef指数；d_{Me}为Menhinick指数；d_{Mo}为Monk指数；S为物种数目；N为所有物种的个体数之和；A为样方面积。

物种丰富度是物种多样性测度中较为简单且生物学意义明显的指数。实践中，关键的环节是样方大小的控制。当然，这种方法也存在很多不足之处，如没有利用物种相对多度的信息，不能全面反映群落的多样性水平。影响物种丰富度的因素主要有历史因素、潜在定居者的数量（物种库的大小）、距离定居者来源地的远近（物种库距离）、群落面积的大小和群落内物种间的相互作用等。

（2）辛普森多样性指数。该指数是在一个无限大小的群落中，随机抽取两个个体，它们属于同一物种的概率。其公式表示为：

$$D=1-\sum_{i=1}^{S}P_i^2=1-\sum_{i=1}^{S}(N_i/N)^2$$

式中，N_i为种i的个体数，N为全部物种的个体数。

（3）香农—维纳多样性指数。香农—维纳提出了信息不确定的测度公式。如果从群落中随机抽取一个个体，它将属于哪个种是不确定的，而且物种数越多，其不确定性就越大。因此，有理由将不确定性当作多样性。

$$H=-\sum_{i=1}^{S}(P_i\times\log_2 P_i)$$

式中，H为香农—维纳多样性指数；S为物种数目；P_{i}为抽样个体属于某一物种的概率。香农—维纳多样性指数的意义在于物种间数量分布均匀时，多样性最高。两个个体数量不均匀的总体，物种越多，多样性越高。

6.5 森林木材蓄积量（生物量）调查

测定植物群落的植物生物量，是认识群落在自然界物质和能量交换中作用的重要手段和依据。由于此项工作费时耗工，野外实习期间难以全面进行，但可以进行森林木材蓄积量的测定，以掌握基本方法和要领。

6.5.1 木材蓄积量测定

此项工作可在样方每木调查的基础上进行，即利用植物群落数量特征调查的资料（见表6-4），测出的胸高总断面积被总株数除去，即得平均每株胸高断面积，并可换算为平均胸径。照此标准选择树木中具此胸径者做为标准木，求出它的单株木材蓄积量，再乘以总株数，便求出了该样方中木材总蓄积量。单株木材蓄积量的测定计算公式为：

$$m = g \times h \times f$$

式中，m为单株木材蓄积量；g为胸高断面积；h为树木高度；f为形数。形数是树干体积与等高同底的圆柱体体积之比，由于林木体形是圆锥形，且圆锥形的尖削度又随着各种树木的种类、大小而不同，所以在胸高断面积乘以树高而获得圆柱体体积之后，必须按不同的树种乘以该树种的形数，这才是单株木材的真正蓄积量。根据实验测算，我国将不同树木分为五个形数级：

强阴性针叶树种：f=0.45

阴性针叶树种：f=0.43

中性针叶树种：f=0.42

强阳性针叶树种：f=0.39

阔叶树种：f=0.41

在计算出单株木材蓄积量之后，林地木材总蓄积量的测定，可直接按下列公式计算：

$$M = \sum G \times H \times f$$

式中，M为林地木材总蓄积量；$\sum G$为林地木材胸高断面积总和；H为林木平均高度；f为形数。

6.5.2 实验安排建议与步骤

（1）实验中每人至少参加一类群落最小面积的测定，各组所测不同类型群落的原始数据资料汇总后，进行分析讨论。

（2）根据上述原理方法，分小组试用2~3种抽样方法布设样地，核对前面所获得的结果，比较其结果的优劣。

（3）分组进行样方调查。首先踏勘，选择样方地点。样方地点选好后，根据所确定的样方面积，用测绳或皮尺分组进行拉方。样方拉完后，根据植物群落调查表的内容要求和上述原理方法，逐项调查统计填表。

建议：学生野外实习可分组平行进行。一般每类群落以3~5个样地为宜，以方便统计比较。每组人员分工做乔木、灌木、草本样方，组内人员互相配合，分别完成乔、灌、草三类样方调查。一部分同学测量，一部分同学记录。

分组做样地前，由老师带领一些同学做示范样方，其他同学进行记录。

（4）样地调查完毕，每组根据各自植物群落调查表的调查数据，进行整理计算。然后按每一类植物群落的数量特征，计算汇总各组统计资料，分析研究植物群落的物种多样性、组成、结构和特征。根据所统计分析的优势种，为群落命名。

6.5.3　注意事项

（1）样地设置完后，还必须规定一些标准，以便在调查过程中指标统一、规范，便于比较。主要规定标准有：

① 乔木多高的个体才列入系统的调查对象。例如，规定1.5米以上的个体作系统调查；1.5米以下作繁殖层或草本层等。

② 林下幼苗的调查样地（2×2或1×1）平方米的数目及位置，即小样方的排列方式。

③ 区分在样地边缘的植物是否包括在样地内的标准。例如，Ⅰ以树干的50%以上处于样地内的个体算样地内的个体，否则为样地外的个体；Ⅱ或者以树冠大部分伸入样地内的个体算样地内的个体，否则为样地外的个体。一般地说以胸高断面积来表示种的优势度时，宜考虑取用Ⅰ的标准；如以盖度来表示种的优势度时，宜考虑Ⅱ的标准。

（2）根据被调查群落的实际，还有其他一些可能有争议的技术、测度问题，都必须在着手调查以前加以确定，确定后不要随便更改，以免影响数据整理，浪费人力，甚至使调查数据失去价值。

（3）填写调查表格要注意以下几个问题：Ⅰ植物名称一栏，一个植物名称代表一个个体，整理时可把相同名称的加以累计。Ⅱ茎周长是指离地1.3米处的茎周长，以便用来计算胸高断面积，而测定周长比起测定直径来要容易得多。Ⅲ胸高断面积、基部面积等都是对于乔木、灌木、丛生草等大个体的种通用的量度指标，但是由于从地表来测定基面积已不常用（因为许多植物由于板根、支持根等而使其基部呈扭旋状），所以，现普遍采用一个适宜的高度（1.3米）来测量胸高直径或胸高断面积。

第7章　植物群落的数量分类与排序

长期以来，有关群落的性质存在两种观点：一种认为群落就如同一个有机体，具有明确的界限，群落之间是间断的、可分的，称为“机体论学派”；另一种认为群落是连续的，不是可以分离的、无边界的实体，而种群是独立的，应采取生境梯度分析的方法即排序来研究群落变化，这些观点被称为“个体论学派”，实际上植物群落的存在既有连续的一面，又有间断的一面。在研究过程中，使用哪一种分类方法，要根据研究对象和研究目标确定。

实体是进行分类或排序的基本单位，如样方、标地、地段或群落，在排序分析中更多情况下是已经分类的群落类型。属性是描述实体数量特征的各个指标，如各个物种多度、盖度、重量、重要值、优势度等。

聚类分析是群落分类的一种，根据各群落或样方间的相似关系，将群落归纳为若干组，使组内的群落尽量相似，组间的群落尽量相异，把关系密切的聚为一个小的分类单位，把关系疏远的聚合到一个大的分类单位，从而形成一个从小到大的分类系统，最后形成一个树状分类图谱，从而在客观上达到对群落分类的目的。

排序是把一个地区内所调查的群落样地按照相似程度来排定位序，从而分析各样地之间及其与生境之间的相互关系。排序方法可分为两大类：一是直接排序，即以群落生境或其中某一生态因子的变化排定样地生境的位序，又称为直接梯度分析或梯度分析；另一类排序是群落排序，是用植物群落本身的属性（如种的出现与否，种的频度、盖度等）排定群落样地的位序，称为间接排序，又称间接梯度分析或组成分析。排序首先要降低空间的维数，即减少坐标轴的数目。如果可以用一维坐标来描述实体，则实体点就排在一条直线上；用二维坐标来描述实体，点就排在平面上，都是很直观的。如果用三维坐标，也可勉强将实体表现在立体图形上，一旦超过三维就无法表示成直观的图形。因此，排序总是力图用二维、三维的图形去表示实体，以便于直观地了解实体点的排列。但是，排序的方法应当使得由降维引起的信息损失尽量少，即发生最小的畸变。

通过排序可以显示出实体在属性空间中位置的相对关系和变化趋势。如果它们构成分离的若干点集，也可达到分类的目的；结合其他知识还可以用来研究演替过程，找出演替的客观数量指标。如果既用物种组成的数据，又用环境因素的数据去排序同一实体集合，根据两者的变化趋势，容易揭示出物种生长、分布与环境因素的关系，从而提出生态解释的假设。如果同时用这两类不同性质的属性（种类组成及环境）去对实体进行排序，更能找出两者的关系。

7.1　植物群落的分类

植物群落的分类主要包括野外调查、获取数据和室内分析等主要步骤。下面依次对其进行介绍。

7.1.1　野外调查

选取生境条件变化明显的自然植被群落进行野外实地调查，在野外选择随海拔梯度或沿某一环境梯度方向植被类型发生比较明显更替的区域，沿海拔梯度或某一环境梯度方向，根据当地地形和群落特点设置植物群落样方。

7.1.2　获取排序与分类所需要的群落学参数数据

在样方内记录各物种的定量数据，如密度、多度、频度、盖度等；根据需要获取研究区域的气象资料与地理参数数据，通过做土壤剖面样方获取土壤有机质含量，pH，土壤有效氮、磷、钾等参数数据。

7.1.3　室内分析

群落数量分类的一般过程如下：

数据调查与整理

↓

利用计算机软件计算属性的相似性系数

↓

绘制树状图并分析结果

对群落的取样单位做聚类分析，要先做好各样方内种的重要值分析或优势度分析，计算取样单位的距离系数，根据样方间的距离系数，做出分类的树状图。聚类分析是逐渐减少组对的过程，如果有N个取样单位，要做N-1轮的距离计算，常用的距离系数为欧式距离，为一种相异系数，可以表示为：

$$d_{jk}^2 = \sum\left(\chi_{ij} + \chi_{ik}\right)^2$$

欧式距离没有确定的上界，各属性数据的量纲不同，大小相差悬殊，可先对每一个属性用极差、离差或标准差等方法标准化，然后再求出实体间的距离。如果是多个样区，首先计算每两个样区间的欧式距离，列成对称矩阵，再计算样区间的欧式距离矩阵，写出新的欧式距离矩阵，重复多次，将全部样区合并成一组，最后绘制出树状图。下面介绍用SPSS11.0软件对实体进行聚类的具体过程和输出图表分析。

聚类分析的操作步骤如下：

（1）建立SPSS数据文件。SPSS数据表中的m列代表m个属性变量，n行代表n个实体。需在数据表中键入标识实体的变量（即实体编号），并在Variable表的 Type列下拉框中选择“String”。

（2）依次单击Analyze→Classify→Hierarchical Cluster，展开系统聚类分析主对话框“Hierarchical Cluster Analysis”。

在Cluster栏中选择聚类类型：进行实体聚类选择“Cases”项（此为系统默认项）；进行变量聚类选择“Variables”项。然后将参与分析的变量送入“Variable（s）”框中。如果进行实体聚类，还需将标识实体的变量送到“LabelCases by”栏中。

（3）确定聚类方法。单击主对话框中“Method”按钮，展开“Method”子对话框，暂定聚类运算、相似性测度以及对数据进行标准化的方法。

① Measure 选择框，选择相似性系数的测度方法。根据变量类型的不同，可分别从3个复选框进行选择：连续数据选择Interval；计数数据选择Count；二元数据选择 Binary。

对于连续变量，可将实体看成为m维属性空间的一个点，实体之间的相似程度可用m维空间中点与点之间距离的大小来衡量。距离越近的点，相似程度越高，聚类时，更可能归为一类。SPSS提供的测度样本相似性的系数包括内积系数和距离系数两类。其中，内积系数（如相关系数与角余弦系数）为相亲系数，其绝对值越大，表示两个实体越相似；距离系数（包括欧氏距离和绝对值距离）属于相异系数，其取值无明确上界，值越大，表示两个实体越不相似。

② Transform Values栏，选择对变量进行标准化处理的方法。

③ Transform Measure栏，选择测度转换方法。如果聚类分析使用的是已经存在的矩阵，可在该栏中对输入矩阵进行必要的转换，而对已经按某种方法计算了相似性测度的一般不再转换。

④ Cluster Method框，选择聚类运算方法。

SPSS共提供7种计算类间距的方法。根据各方法特点的不同，可分为以下4组：a最近邻体法和最远邻体法，以两类中极端样本之间的距离作为类间距。b中位数法和重心法，以两类的中心点或重心点之间的距离作为类间距。c组间平均联结法和组内平均联结法，以两类中各样本之间距离的平均值作为类间距。d Ward最小方差法，也称离差平方和法。

（4）选择要求输出的统计量。单击主对话框中的“Statistics”按钮，展开

“Statistics”子对话框，选择需要输出的分析表格和统计量。

① Agglomeration schedule 复选项，要求输出凝聚状态表（系统默认项）。凝聚状态表给出了聚类过程的详细信息。因此可以根据凝聚状态表跟踪聚类的全过程。

② Proximity Matrix复选项，要求输出各样本间的相似性系数矩阵。产生什么类型的矩阵取决于在Method对话框中对 Measure的选择。注意：如果样本量很大，该选择项产生的输出量也很大。

③ Cluster Membership栏，要求输出将样本聚为指定类数时各样本的归属情况（类编号）。

（5）选择需要输出的聚类分析图。单击主对话框中的“Plots”按钮，展开“Plots”子对话框，选择需要输出的聚类分析图。

① Dendrogram选择栏，要求输出树状图。

② Icicle复选框，要求输出冰状图。冰状图所反映的信息已包括在凝聚状态表中。

③ Orientation栏，选择冰状图的显示方向。只有在上栏中选择生成冰状图，才能激活本栏。

（6）选择生成新变量。可将每个样本被归属的类的编号作为新变量的值，保存到当前的工作数据文件中。

（7）单击“OK”按钮，执行Cluster过程。在SPSS聚类图中，各个类之间的距离位于0～25的坐标值内。以距离最大（或相似性最小）的两类间的距离作为25，以此为标准，将其他各类的距离换算到0～25。值越小，表示越相似。令y表示在0～25范围内某两小类间距离的换算值，则：

对于距离系数：y＝25×该两小类的聚合系数／最大聚合系数

对于相似性系数：y＝25×（1–该两小类的聚合系数）／（1–最小聚合系数）

系统聚类分析的主观性较强。在聚类分析过程中，如何选择合适的相似性测度和聚合方法，如何判断聚类结果是否可信或具一般性，以及如何依据聚类结果确定最佳分类数目等，均是在实际研究中需要解决的、复杂而又带主观性的问题，一般应根据研究对象的特点、研究工作的目的、各种方法本身的优缺点等来进行选择。如有可能，最好采用多种方法进行比较，决定取舍。而且，对于聚类分析得到的结果，必须运用专业知识去判定和解释。

7.2 植物群落的排序

最早使用的间接梯度分析方法是极点排序法。其后，主成分（或主分量）分析法（principal components analysis，PCA）问世，它具有严格的数学基础，是所有近代排序方法中用得最多的一种。主成分分析法的一般过程如下：

原始数据中心化

↓

计算属性间的内积矩阵S

↓

求出内积矩阵S的特征根和特征向量

↓

求N个样方的排序坐标

↓

估计属性对主分量的作用

在进行主成分分析时，可以利用SPSS统计软件进行分析。主成分分析的操作步骤如下：

（1）在SPSS数据表中建立原始数据文件。在进行主成分分析时，SPSS数据表中的m列代表m个属性变量，n行代表n个实体。

（2）打开因子分析“Factor Analysis”主对话框。单击Analyze→ DataReduction→ Factor，弹出因子分析主对话框。其下方有5个并列的功能按钮，可弹出相应的子对话框，设置各个选择项和输入相关命令。

（3）指定参与分析的变量。选中需要分析的变量，将其送入右边的变量框中。

（4）选择描述统计量。单击“Descriptives”按钮，弹出“Descriptives”子对话框。主要选项的含义为：

① Statistics 复选框，选择要求分析和输出的统计量。

Univariate descriptives：要求输出各原始变量的均值和标准差等统计量，即“Descriptives Statistics”表。

Initial solution：要求给出初始因子分析结果。

② Correlation Matrix复选框，提供了几种判断原始变量是否适合作因子分析的检验方法。

主成分分析是从多个原始变量中综合出少数几个具有代表意义的主成分变量，这就要求原始变量之间具有较强的相关性。SPSS提供了几种统计方法来检验原始变量是否符合因子分析的要求。在7个选项中，左边4个比较常用。

Coefficients：要求给出原始变量的相关系数矩阵。这是最简单的判断方法。如果大部分相关系数都小于0.3，并且未通过统计检验，那么这些原始变量就不适合进行因子分析。

Significance levels：要求给出每个相关系数相对于相关系数为0的单尾假设检验的概率值。

Determinant：要求给出相关系数矩阵的行列式的值。

KMO and Bartlett′ s test of sphericity：要求进行KMO和Bartlett 检验。KMO检验的取值范围为0～1，越接近于1，表明越适合作因子分析。其标准为：KMO>0.9，非常适合；0.8<KMO<0.9，适合；0.7<KMO<0.8，一般；0.6<KMO<0.7，不太适合；KMO<0.5，不适合。Bartlett 检验的零假设为不同变量之间的相关系数是0。如果计算得到的统计量较大，且其对应的概率值小于给定的显著性水平，那么应当拒绝零假设，认为原始变量之间存在相关性，适合于作因子分析；反之，则不能拒绝零假设。

（5）选择因子提取方法。单击主对话框中的“Extraction”按钮，弹出“Extraction”对话框，选择不同的因子提取方法，指定控制提取结果的依据。

① Method选择框，选择因子提取方法。单击 Method 下拉参数框右边的箭头，展开提取方法选择项表。SPSS共提供7种因子提取方法，其中主成分分析是系统默认的选择项，最为常用。

② Analyze选择框，指定提取主成分所依据的矩阵类型。

Correlation Matrix：依据变量的相关系数矩阵进行分析。原始变量测度单位不同时必须选择此项。

Covariance matrix：依据变量的协方差矩阵进行分析。原始变量测度单位相同时可选择此项。

③ Extract选择框，指定提取主成分数目的判据（二者选其一）。

Eigenvalues over：要求依据键入的特征值大小来决定提取主成分的数目。系统默认值为1，即要求提取那些特征值大于1的主成分。

Number of factors：直接指定提取主成分的数目。键入0～m的正整数。

④ Display复选框，指定与提取主成分有关的输出项。

Unrotated factor solution：要求显示旋转前的主成分分析结果，此为系统默认项。

Scree plot：要求显示主成分与其特征值的碎石图，按特征值从大到小的顺字依次显示出所有主成分的特征值及其变化。

⑤ Maximum iterations for Convergence 参数框，指定提取主成分的最大迭代次数，系统默认值为25。

（6）选择旋转方法。单击主对话框中“Rotation”按钮，弹出“Rotation”子对话框，选择因子载荷矩阵的旋转方法和要求输出的结果。

在前面得到的因子载荷矩阵（component matrix）中，可能会出现某1列中多个元素均较大的情况。这表明某个主成分可能解释多个原始变量的信息，却不是任何1个变量的典型代表，主成分变量的含义模糊不清。对于这种情况，可以通过因子载荷矩阵的旋转来进行坐标变换，使因子载荷得以重新分配，使原始变量与主成分的关系更为清晰，有助于对主成分的解释和命名。

① Method选择框，选择旋转方法。SPSS共提供了6种旋转方法，其中以“Varimax”最常用。该方法要求进行方差最大正交旋转，使各因子上具有高载荷的变量数目最小，进而使因子的意义更加明确，简化对因子的解释。

② Display复选框，指定与旋转有关的输出项。

Rotated solution：输出旋转后的结果。

Loding plot：输出旋转后的因子载荷散点图。如果提取2个主成分，则给出各原始变量在二维主成分坐标系中的散点图；如果多于2个主成分，则给出前3个主成分的三维因子载荷散点图；如果只提取了1个主成分，则不输出载荷散点图。

③ Maximum iterations for convergence参数框，指定因子载荷矩阵旋转收敛的最大迭代次数。系统默认值为25。

（7）对因子得分进行设置。单击主对话框的“Scores”按钮，展开“Factor Scores”子对话框，选择是否将计算得到的因子得分作为新变量保存和显示。

① Save as variables 选择栏，将因子得分以变量形式保存在原始数据文件中。

若选择此项，则对每一次分析产生一组新变量并保存在原始数据文件中。新变量名的一般形式为“Faci__j”。其中，j为分析次数；i为第i个主成分。新变量Faci__j的第k个数据为第k个实体对应的因子得分。

② Method 选择框，选择因子得分计算方法。

系统提供了三种方法。其中，回归法 Regression 最为常用，是系统默认选择项。

③ Display factor score coefficient matrix 选择栏，输出因子得分系数矩阵，并显示因子得分协方差矩阵。

（8）选择其他分析结果的输出方式以及对带有缺失值的观测量进行处理的方法单击主对话框中的“Options”按钮，展开“Options”子对话框。

① Missing Values 选择框，选择处理缺失值的方法。

Exclude cases listwise：要求剔除所有带缺失值的实体后再进行分析。

Exclude cases parewise：要求成对剔除带有缺失值的观测量。对于带有缺失值的实体，除缺失值外的其他数据仍照样可以参加计算分析。选择此项可以最大限度利用来之不易的原始数据。

Replace with mean：当分析计算涉及含有缺失值的变量时，要求用该变量的均值代替缺失值。

② Coefficient Display Format复选框，选择载荷系数显示格式。

Sorted by size：要求将载荷系数按大小排列并构成矩阵，使在同一主成分上具有较高载荷的变量排在一起，以便分析主成分的实际意义。

Suppress absolute values less than：要求不显示那些绝对值小于指定值的载荷系数。系统默认的临界值为0.10。也可在后面的框中键入其他0~1的数作为临界值。

（9）各子对话框设置完毕后，单击主对话框的“OK”按钮，执行运算，并输出分析结果。

主成分分析的输出结果：“Descriptive Statistics”表给出了原始变量的一般统计量，包括各原始变量的均值（Mean）和标准差（Std.Deviation）、参与统计分析的实体数（Analysis N）以及缺失观测量数（Missing N）。

利用因子得分变量作散点图：打开带有新变量的SPSS数据表，依次点击“Graphs”“Scatter”菜单项，弹出“Scatterplot”对话框，选择散点图类型“Simple”（若最终保留3个主成分，则选“3-D”），单击“Define”按钮，展开“Simple Scatterplot”对话框。选中因子1的得分“REGR factor score 1 for analysis1（facl_1）”，送入“X Axis”框中；选中因子2的得分“REGR factor score 2 for analysis 1（fac2_1）”，送入“Y Axis”框中（若为3个主成分，则还需将因子3的得分送入“Z Axis”框中）。同时将变量“样地编号”送入“Lable Cases by”框。单击OK按钮，输出排序结果。

第8章　植被图的绘制

植被图是研究植物群落的重要手段和表现形式，绘制和运用植被图，可以充实和丰富植物群落生态学的研究对象与内容，从而促进学科的发展，植被图还能够反映植被资源的类型，数量、分布、生态和环境等信息的特点，是国家经济建设不可缺少的基本资料之一，在生产实践上有着不可替代的应用价值。

8.1　植被图的概念

8.1.1　植被图的概念

植被图（vegetation map）又被称作地植物学图（geobotanical map），是以反映植物群落为主要对象的专题地图，它的含义可以从广义和狭义两个方面去考察。狭义理解的植被图仅指植被类型图，尤其是指现状植被类型图，是把整个地球陆地表面或某一地区的植物群落及其所占据的面积，按照一定的目的要求和比例尺缩小后表示在平面上的一种专题地图。广义理解的植被图不仅包括植被类型图即植物群落分布图，还包括植被区划图和其他各类专门性植被图。后者如森林植被图、草场植被图、资源植被图等。

在所有上述这些图类中，植被类型图是最基本和最重要的，因为植被区划图和其他许多专门性植被图都可以由植被类型图派生出来。例如，人们常常用于表现一定地区的植被类型及其组合在空间上发生区域分异现象的植被区划图，主要就是根据植被类型图绘制而来。

8.1.2　植被图的重要意义

一幅质量较高、绘制精细的植被图，可以给人们提供很多有用的信息。首先，它可以展示一个地区分布着哪些植被类型，是针叶林、阔叶林，还是草原、荒漠、沼泽等，以及它们在水平空间和垂直空间分布的基本格局。植被作为重要的自然资源，其类型、面积、数量、质量、空间分布、动态、生境特点等，均可直接或间接地由植被图提供给人们。因此，植被图在经济建设和生产实践上有着其他图件或文字资料不可替代的应用价值，特别在农、林、牧、副业发展和大农业规划方面所起作用更为明显。其次，它可以提供植被与一定地区的气候、土壤、地形、水文等生态因素间的相互关系及其规律的信息。由于植被对其他自然要素的依赖性最强，反应最敏感，并具有明显的指示作用，因此植被图可以为植被区划、农业区划、林业区划和综合自然地理区划等提供基础。通过植被图，人们还可以研究植被的起源、分类、动态、分布规律等一系列理论性较强的问题，并为研究土壤、地貌、气候、生物等其他自然地理要素提供基础资料。例如，植被图作为诊断生态环境的指标，可以反映出自然环境的许多重要特征和生产潜力，有助于对土地资源作出评价，以便合理开发利用。此外，编绘植被图还有助于植被的分类，校正人们对一个地区的植被进行分类时常常忽略的那些过渡类型或其他非主要植被类型，从而完善植被的分类系统。此外，在水土保持、防风固沙、治理环境污染、建立自然保护区、旅游及国防建设等许多方面，都可以利用植被图为其服务。

8.1.3 植被图的类型

植被图发展到现在，由于目的要求不同和制图方法与比例尺的差异，以及由于受到不同植物群落学派别学术观点的影响，植被图的性质、内容和表现方法产生了较大分化，使植被图的类型出现了多样化的特点，形成了复杂的图类系统。但归纳起来，不外乎按图的性质和内容或按图的比例尺大小来划分植被图的种类。

（1）依性质和内容划分的植被图。

①综合性植被图或称普遍植被图。通常是指在所选比例尺允许范围内，将制图区全部植被类型尽可能表示出来，甚至把植被与生态环境的关系、植被的空间结构等也一并表示出来的植被图类。由于它把一个地区植被的最基本和最重要的特征都反映了出来，所以这类植被图是一个地区植被研究成果的综合反映。综合性植被图又进一步划分为以下几类。

a 现状植被图（real vegetation map）。这种植被图是以制图区野外现存的植被为表现对象，即把现实客观存在的原始自然植被、次生自然植被和人工栽培植被，按一定比例绘制在地图上的图类。

b 原始植被复原图（restored vegetation map）。现今的地球陆地表面，大部分均经历了人类活动长期影响，致使许多原始植被早已荡然无存，代之以各种次生的森林、灌丛、草地和人工栽培的农作物，蔬菜与果树等。这些大面积分布的现状植被，对于人们了解一个地区的原始面貌和评估它所固有的生产潜力常常不够，因而还需要了解该地区过去分布的原始植被。这种再现未受人类活动干扰以前所存在过的原始自然植被的地图，称作原始植被复原图，简称复原植被图。这种植被图把栽培植被和次生自然植被目前所占据的地方都恢复到了原有的植被类型，因此与现状植被图有着根本区别。

c 潜在植被图（potential vegetation map）。这是把第三植被（即假设在现实自然生态与环境条件下，停止一切人为干扰活动，经过足够长的时期，将来可能会出现的稳定自然植被）绘制在地图上，同时反映出各类型的空间配置所得到的植被图。这种植被图带有预测的性质。一般来说，在现在还保存有原始植被的地区，潜在植被与现实植被在类型与空间格局上往往是一致的；而在次生植被地区，如果生境条件受人为干扰较少而与原生生境基本一致时，则潜在植被与复原植被或原始植被可能比较一致。相反，若次生植被所在的生境条件已发生了彻底变化，则潜在植被与现实植被和复原植被不相吻合。潜在植被是通过对现状生境条件与植被类型分布间相互规律的综合分析推断而来的，因此制作这类植被图也比较困难。

d 生态植被图（ecological vegetation map）。这种植被图上除反映制图区各种植物群落类型外，还表示出多种生态因素如气候带、温度、降水量、土壤类型、地貌和地下水等及土地利用的状况。此类图已成为近年来植被制图的又一新发展趋向。

除上述4类综合植被图外，还有反映现状植被或现存的植物群落所处历史发展阶段即演替阶段、演替条件和人为影响程度的动态植被图（dynamic vegetation map）等。

②专门性植被图（thematic vegetation map），是为一定的生产目的或某一专门用途而编绘的植被图类，制图对象仅涉及植被的某个方面，例如，森林、草原、植物的物候等。很多专门性植被图是根据综合性植被图，尤其是现状植被图编制而成的派生图，所以专门性植被图属于广义的植被图范畴，也叫做应用性植被图。专门性植被图依其所表示的主题对象可分为以下几类。

a 森林类型图。该图是以表示森林植被的类型及其空间分布为主的图类，有的森林图上还表示出各种林型的郁闭度、地位级和环境的特征，以及宜林地、无林地等类别。森林类型图对于认识森林的类型、特征和空间结构，森林资源的估算，森林的更新抚育和研究森林的动态变化等都具有很重要的应用价值。现在我国各省区的主要林区一般都绘有森林图，但大部分这类图上林型的划分比较粗略，图斑较大。根据森林类型图还可以编绘森林区划图、森林经营利用图、野生动物分布与保护图等，所以它是森林系列图中最基本的图类。

b 草场类型图。草场又可以理解为草地，包括草原、草甸、沼泽、荒漠、灌丛和疏林等一切可以放牧牲畜和刈草的土地。编制这种图主要是表示草场的类型、空间分布和资源的数量等。为了便于指导放牧，常常还在图上表示出水源地、地形转折点和畜牧点等。人们根据草场植被图可以了解各种草场植被类型的特征及其与生态条件的关系，量算草场的面积，估算产草量，评价草场的质量和作为蓝图对草场进行规划，为合理利用、改良和保护草场资源提供重要依据。

c 药用植物或野生经济植物分布图。自然界的许多植物具有治疗疾病的作用或具有一定经济价值（油料、香料、鞣料、纤维、花卉、食用等），它们作为制药和轻工原料，除了一部分由人工栽培提供外，还有相当数量采自于野生。为了便于寻找和采集这类野生植物资源，需要编绘它们的分布图，有时还需要表示它们所属的植物群落分布图，在较大比例尺图上甚至可表示其储存量及加工厂的位置。

d 指示植被图（indicator vegetation map）。植物和植物群落是构成地理环境的各种自然要素中最年轻的成分之一，对于其他环境要素的依赖性最大而反应最为敏感。因此，作为环境指示体的植物和植物群落是自然条件的最好标志。编绘具有指示意义的植物和植物群落分布图无疑能够起到促进生产发展和保护环境的作用，特别是通过借助遥感技术编绘的指示植被图，具有范围大、指示位置准确等优点，可以应用于土地调查、寻找地下水源、研究地质构造等。

（2）依比例尺大小划分的植被图。除了主要按内容划分类型之外，植被图也可以根据比例尺的大小加以区分。因为比例尺大小直接影响植被图所表示内容的详细程度和制图精度，不同比例尺植被图具有不同的特点、用途和制作方法，所以不同比例尺的植被图表示的植被分类单位也不同。大比例尺植被图表示的主要是植被的低级分类单位；小比例尺图反映的则是高级分类单位和植被的地带分异规律。按比例尺大小划分植被图类型目前尚无统一标准，各国植物群落学家和植被制图学者主要根据所在国家植被类型的复杂程度和分布特点制订彼此不同的分类级别，现列举划分的一些主要类型（见表8-1）。

表8-1　按比例尺大小划分的植被图类型

种类	比例尺	图上1毫米表示地面实际长度	图上1平方毫米表示地面实际面积	主要应用范围和用途
特大比例尺图	1:1 000~1:5 000	1~5米	1~25平方米	内容翔实，用于自然保护区、科研教学基地的科学研究及现代化农林牧场组织生产
大比例尺图	1:10 000	10米	100平方米	内容翔实，适于县级农场、牧场、林场，用于农业区划、区域土地利用规划、资源管理
	1:25 000	25米	625平方米	
	1:50 000	50米	2 500平方米	
中比例尺图	1:100 000	100米	1公顷	详略适当，用于省或国家级植物资源普查、资源评价、自然区划、开发利用规划和科研
	1:200 000	200米	4公顷	
	1:500 000	500米	25公顷	
小比例尺图	1:1 000 000	1千米	1平方千米	简明概括，反映植被地带性分布规律，用于教学、科研、国情参数咨询
	1:2 000 000	2千米	4平方千米	
	1:5 000 000	5千米	25平方千米	

①大比例尺及特大比例尺植被图，在我国多数是指比例尺1∶100 000以上的植被图。其中特大比例尺图一般又指比例尺在1∶10 000或更大的植被详图。大比例尺植被图主要反映植被分类的低级单位，如群丛、群丛组等。在地形复杂的山地地区，常常由于群丛面积较小，即使在大比例尺图上也难以表现出来，在这种情况下可以提高用于制图的植被分类单位，如群系等。大比例尺植被图要求精度高，能够准确反映现状植被的类型及其分布位置，故其制作一般是在小范围内进行。大比例尺植被图适用于农场、牧场、林场和县乡级单位的制图范围，为进行农业区划和规划、环境质量评价、合理利用土地资源与植被资源等提供依据，如量算草场的面积，计算产草量和载畜量等。这类图也可用于表现植被复合体和植被生态序列平面结构等。同时大比例尺植被图也是编绘中、小比例尺植被图的基础图件，用途广泛。

②中比例尺植被图比例尺为1∶100 000~1∶1 000 000的植被图，以反映植被中级分类单位为主，制图的基本单位多为群系、群系组，面积较大的群系可划分为亚群系制图。制图的范围一般比较大。中比例尺植被图在某种程度上既要求具有大比例尺图的准确性，又有小比例尺图的概括性。准确性在于图面上表示出来的图斑形状和位置能与植物群落（群系等）的实际分布状况基本一致。但是由于比例尺的限制，不可能把每一个植被单位都反映出来，需要一定程度的综合，所以图斑又具有概括性。从整体来说，植被的空间结构显示得较为清楚，其分布规律得到了一定程度的表现。中比例尺植被图主要是根据大比例尺植被图或在野外考察的基础上利用航片与卫星遥感影像编制而成。图例系统与制图区域植被分类系统有不一致的地方，例如，可能出现植被的结合、组合或复合体等图例单位。

这类植被图适用于地区、省或全国范围的植被资源普查、土地资源评价，自然区划和土地的开发利用与规划等。

③小比例尺植被图为小于1∶1 000 000的植被略图，是在更大的范围内反映植被的高级分类单位，如植被型和亚型的图，具有高度的概括性。在这种图上可以比较完整地表示出大面积的地带性和非地带性植被类型，因此植被的水平地带性和垂直地带性显示得比较清楚。这是由于制图时对于植被分类单位进行了高度概括与综合，舍弃了面积小、分布零散的类型或次生植被类型的缘故，因此小比例尺植被图主要是在大、中比例尺图的基础上，通过对植被内容和图斑的综合或利用卫星遥感影像在室内编制而成。它在科普宣传和教学上具有一定的参考价值，同时对于大范围土地规划和区划也具有一定的意义。上述各种比例尺的植被图都有自己的特点和用途，各自提供不同的信息，可以互相补充，因而同等重要。但是3种比例尺图之间并无截然界线，例如，植被分类单位中的群丛、群系、植被型等并不固定限于在一定比例尺的图上使用，可以互相交错。又如，平原区植被类型一般比较简单。每个类型

所占据的面积往往偏大，表示在大比例尺的图上显得很不协调。因此常常绘制成较小比例尺的图。对于后者，按比例尺大小来说可能是中比例尺植被图；按制图单位来说则是大比例尺的图。需要指出，如果编绘的植被成图是小比例尺的，为了保证质量，减少误差，一般要求先编绘比成图比例尺大一倍的植被图。然后进行内容和图斑的综合，使成图误差尽量减小。至于应当选择多大比例尺制图最为合适，需视制图区范围大小、植被复杂程度、制图目的要求和图中应提供的信息情况等而决定。

8.2 植被制图过程

8.2.1 植被制图的一般程序与步骤

迄今为止，世界各国出版的植被图均以现状植被类型图的数量最多，制作比较精细，方法也比较成熟；同时现状植被图的用途最广，生产实践意义最大，并且是编绘其他植被图类的基础资料。现以现状植被图为例，简要说明其编绘制作的过程和方法（见图8-1）。

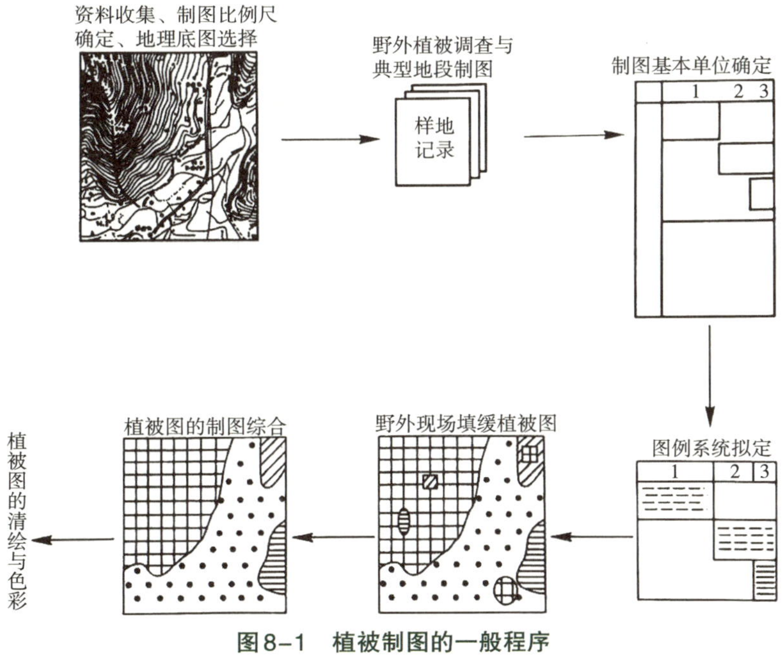

图8-1 植被制图的一般程序

资料来源：宋永昌，2001.

（1）资料收集、制图比例尺确定、地理底图选择。制图工作者在明确制图任务和要求之后，首先应尽量收集与制图区有关的各种文献和图件资料，包括已有的植被调查报告与论著，地形图和各种专题图（如土壤图、以往的植被图等），以及遥感资料，如航空影像相片和卫星影像相片等。对所收集的资料需进行分析与整理，尤其应注意资料的形成日期、精确度和可靠性程度，以便正确了解制图区的自然环境特征和尽可能多的植被特征。

在上述工作基础上，制订详细的编图大纲，包括制图比例尺、图的主要内容及其详细程度、表示方法等，其中确定制图比例尺是本阶段的首要任务，因为比例尺的大小直接影响对主题要素表达的深度和详细程度。此外，比例尺的选择应考虑图的用途及制图技术条件的限制。

本阶段另一项重要工作是选择适合的地理底图。一般用于制作植被图的地理底图是测绘部门编印的地形图，且有准确的数学基础和比较翔实的地物地名，特别是地形的起伏变化很清晰，为勾绘植被类型的图斑提供了有利条件。地理底图的比例尺应与所确定的制图比例尺一致。

（2）野外植被调查与典型地段制图。遥感图像的出现给制图工作带来了极为方便的条件，人们在室内可以在较短的时间内完成大量的制图任务。但是制图工作者如果对于制图区的植被和环境特征知之甚少，尤其没有做过实地调查研究，必然会给制图工作带来很大困难。有些问题甚至在室内是根本不可能得到解决的。因此，为了保证制图质量和使工作顺利进行，一般在正式作图之前，甚至在植被草图完成之后都应到野外对制图区的植被进行实地考察，积累有关资料，获取直接经验或纠正草图中的错误。

在实地调查之前，应当根据对已有资料研究的结果，从地形图上选择主要调查路线与重点检查的地段。这些路线和地段应当是视野开阔、植被类型复杂和尽量穿过不同的植被带。沿途观察记载植被的类型、特征及其与环境的关系，了解植被分布规律。在典型地段进行样方调查，并制作植被样图（实测或填图），或将实地分布的植被类型与航空、卫星遥感的相应影像对照观察，以便确定判读标志。

根据野外调查的资料并参考前人的工作成果，经过分析整理，按一定原则和依据，对制图区的植被进行系统的分类，为选定制图的基本单位和拟订图例系统提供依据。

（3）制图基本单位和图例系统拟订。当植被图的比例尺和制图区的植被分类系统都确定之后，还应根据制图的目的和要求，决定哪些植被类型要表示在图上，哪些类型可以舍去，并且确定制图的基本单位是什么，即图例系统中用于直接作图的最低级单位是群丛、群系，还是植被亚型、植被型等。不同比例尺的图，制图的基本单位应当采用与之相对应的植被分类单位。

至于那些在大比例尺或中、小比例尺图上表示不出来的植被类型，其处理方法是：① 舍弃；② 类型独特、有重要科研价值或特殊用途的植被，可以用适当夸大的图斑表示，并着以显著色彩；③ 用补充符号表示；④ 以植被复合体、结合体等单位表示。

在制图基本单位确定之后，接着应当拟订图例系统，即确定图例结构、图例系统，既要尽量反映出制图区植被分类系统的完整性，又要照顾到制图的可操作性；既取决于比例尺的大小，又需视制图区植被的复杂程度而确定。图例系统不能过于复杂，等级单位（层次）不能太多，而是应层次清晰，简明易读。

除用文字码表达外，当图例单位较多时，可用数字、色彩或点线符号加以区别，并将它们置于图例方框内和相应的图斑中，便于区别和阅读。

总之，制订图例系统是植被制图一项很重要的工作，只有把所有制图的基本单位，即表现级图例完全确定之后方可正式编图。否则，以后若有变动（增加或减少图例单位），往往牵涉面广，工作量大，且图斑代号容易发生错漏，造成返工。

（4）野外现场填绘植被图。当具有比较详细和精确的地形图时，植物生态学家携带上地形图、高度表、罗盘、遥感影像图片和GPS等工具，到制图区用目测法将各个植被类型的界线勾绘在地形图上，即可得到一幅植被原图。为了保证填图的质量和顺利进行填图工作，要求制图者必须做到以下几点。

①熟练阅读地形图，掌握地形图上所表示的各种地理要素、符号的含义。

②根据地形条件和植物群落的空间分布特征，在制图区选定填图的基本导线、辅助导线和观察点。这些导线和观察点同样应当是视野开阔、控制作用强和尽量通过多种植物群落的地方。导线的设置以能控制和准确地勾绘出植物群落的实际分布界线为原则。

③沿导线和各观察点一边勾绘群落的边界，一边观察群落的类型、空间结构和生境状况，以及人类活动与资源利用情况等，并作简要记载。导线间的群落边界根据生态相关原则，经判断分析后用内插法相互连接。最后完成全区填图任务。

④如果制图区面积很大，需要分期分片填绘，或需要分组进行填绘时，事先要商定好接图的界线，最好选定在地形或植物群落变化明显易于辨识的地方，如河流、分水岭、道路或森林与其他植被类型的边界地带。

⑤野外现场填绘小范围的植被图。为了准确地勾绘图斑，制图工作者必须研究植物群落的边界特征及其变化规律。对于显著间断的边界，可直接划分其相邻群落间的界线；而对于在空间上一个群落逐渐被另一个群落所替代的扩散边界，必须在对相邻植物群落的特征、生境条件、植物种群相似性等进行分析与计算后，才可进行准确划分并用于制图。在野外绘制大比例尺植被图，当群落间的过渡带较宽时，这个过渡带也可作为一个独立的群落类型单独予以表示。

野外制作植被图一般应在现场把各个植被类型的图斑界线勾绘清楚，类型代号填写正确并无遗漏，经过室内外反复核实与修正，植被原图完成编制，便可由专业的绘图人员进行清绘。

（5）植被图的制图综合。在植被制图工作中，特别是把较大比例尺的植被图缩编成为较小比例尺的图时，为了使缩小后的图仍能反映主要植被类型并使图面清晰易读、重点突出，常常需对原有图例系统进行调整，即对原系统中的图例单位进行合并、取舍和简化，进而对图斑形状和内容进行选择与改绘等，这个过程叫做植被图的综合，也称简合（generalization）。

综合工作实际上贯穿在植被图的全部编制过程中。综合不是把原有植被图的图例单位和图例形状进行机械地简化或合并，而应当按照一定的原则与缩图的目的和要求，把一些次要的植被类型或面积太小的类型按成图比例尺进行适当处理，突出反映主要植被类型和植被的空间分布特点。

植被图的综合工作主要包括内容的选择与图斑形状大小的改绘，即内容的综合与图斑综合。

①植被图内容的综合随着地图比例尺的缩小，图幅所能容载的植被类型及其分类等级相应发生变化。这种变化是通过对原图例系统的调整，即图例的精选和概括来实现，亦可称为图例的简明化。

在将较大比例尺植被图综合为较小比例尺的植被图时，必须根据新建立的植被分类系统，把原图例中的低级制图单位进行合并和取舍，综合成为较高一级单位。也就是说，把相近似的类型或图例适当合并成为高一级的植被类型或相应图例单位。一般来说，不同比例尺的植被图，可按表8-2中基本制图单位逐渐进行综合。

表8-2 植被图例按比例尺大小的综合

植被图比例尺	基本制图单位
特大比例尺图和详测图	群丛
大比例尺图或概测图	群丛、群丛组
中比例尺图	群系、亚群系、群丛组
综合性小比例尺图	群系、群系组、植被型
概括性小比例尺图	地带性群系、植被型

植被图被缩绘到比例尺小一级的图时，应当主要表示那些稳定的原生类型和大面积的次生类型，占地面积小的次生类型应归并到相应的原生群落类型。通过这样的图例综合所编绘成的植被图带有现状-复原植被图的性质，由于图斑数目明显减少，图面显得清晰，植被的地带性分布规律比较明显。

②图斑的综合由大比例尺植被图缩绘成中、小比例尺的图，图斑的数目和形状必然要发生变化。这种变化主要有两种情况：一是有些图例的内容发生变化，或因为面积很小的次要类型而取消；二是图例及其内容未发生变化，但其图斑形状应作

调整。因此在缩编地图时，必须对某些图斑进行选择、校正和简化，避免图面负荷过大，以致难以缩绘、阅读和使用。

在植被制图中，为使图面尽可能多地反映丰富的植被信息，在制图技术允许的情况下，图斑的最小面积定为2毫米 × 2毫米。但这并非一成不变，例如，某些植物群落的图斑面积尽管小于4平方毫米，但因其在制图区的植被结构中或生产实践上或自然保育过程中有某种特殊意义而予以保留时，可以给以适当夸大，勾绘出图斑轮廓，或者用超比例符号表示在图上相应的分布地点。

（6）植被图的清绘与色彩。野外实测的植被草图或根据遥感影像解译编绘的植被原图，一般描绘质量不高，线条粗细不匀，图斑欠清晰，易读性差。为了得到精美的地图以便长期保存或供印刷出版，必须根据国家有关制图的统一规范和要求，再次进行上墨描绘整饰，这就是草图的清绘。清绘工作完毕后一定仔细核对，检查图例代号是否准确，图斑有无不闭合情况等，并逐一改正。

地图图面上加入醒目的色彩，能够起到区分层次、突出主题、美化图幅的效果，因此国内外目前均有将植被图彩色化的趋向。然而一种植被类型在植被图中究竟应当用何种色彩表示，国内外迄今尚无统一的标准，大多根据生态-群落学原则，采取象征植被外貌颜色与反映生境特点的方法，用不同色调表示各异的植被类型。一般来说，暖色调为红、橙、黄、褐等色，多给人以干旱、夏天炎热、植被稀疏低矮的感觉，多用于表示干旱和半干旱地区；冷色调为青、蓝、绿等色，给人以湿润、植被茂密的感觉，多用于表示湿润的地方。例如，在我国出版的植被图中，其色彩的生态学含义一般是褐黄——干旱，红橙——炎热，蓝绿——湿润，灰青——寒冷，紫红——盐渍化。我国从南往北热量逐渐减少，从东到西降水量则逐渐减少，因而从东南向西北，沿着盛行的季风方向，顺序分布着森林、草原与荒漠等植被类型。为了表示植被的这种空间分布规律和生境条件的梯度变化，象征性地采用了青绿色、黄绿色、黄色，逐渐过渡到黄橙色、橙红色等。

8.2.2　植被图的系列补充图

为了充分地说明主题对象的某些特征，常常需要绘制各种补充性的附图，如典型地段植被图、生态序列图、生态因素图、植物群落复合体图等，以表达正式图面中未显示或不可能显示的某些重要植被，加强人们对制图区植被特征的认识。通常这些附图所代表的地区范围一般都比较小，但所反映的某一方面的植被内容却更详细一些。

（1）典型地段植被图。制作这类植被图通常是在对制图区植被进行过普查或在仔细研究有关文献资料和地形图的基础上，在制图区范围内选择一至数个面积较小的地段进行植被样地调查，并绘制比例尺较大的植被详图。所选定的这些典型地段应当尽量包括对制图区具有代表性的各种植被类型和地形、土壤等环境因素，在这种特定地段上绘制的植被图就是典型地段植被图。

典型地段（区）面积较小，一般都采用大比例尺制图，对于植被类型，分布规律表现得较为详细。

（2）生态序列图与植被断面图。植被类型图对于植被在垂直空间上的分布现象常常不能充分反映出来。剖面法则是反映垂直分布较理想的方法，同时也部分地反映了水平分布的格局，因此能对制图区某些地段植被分布的特征起到很好的补充说明。表示植被分布的剖面图有生态序列图和植被断面图。

生态序列是植物群落在自然界空间分布的普遍规律之一。制作生态序列图是表现植物群落类型与其生境条件之间相互关系及植被空间结构的最好方式之一。掌握植物群落空间分布的规律，可以对同一植被区内那些不可能直接进行调查的地方进行植被图的推绘工作，不仅节省人力和物力，而且具有相当高的准确性。生态序列图的制作最常用的方法是绘制垂直剖面图，这既能够表现出植物群落垂直分布与水平分布的规律，又能反映出导致植物群落具有一定空间配置特点的原因。

（3）生态因素图。为了加深认识植被本身的特征及其空间分布特点，常在植被图的适当位置附上小比例尺的生态因素图。例如，制图区的位置图、地貌图、气候要素图、土壤类型图、水文图等，与主图相互对照，了解植被与这些生态因素之间的相互关系。这种图对于综合评价和开发利用制图区的土地资源、植被资源，以及服务于制图区域的农业规划和自然区划等都具有重要参考价值。

8.3 遥感技术在植被图中的应用

遥感（remote sensing，RS）是指不直接接触物体本身，从远处借助于能记录不同波长电磁波的传感器探测和记录远距离景物的科学手段。遥感根据其搭载平台可分为航空遥感和卫星遥感。遥感技术则是根据传感器所测得的目标物体的信息数据，通过数据处理和分析判读，探测和识别目标物体及其现象的技术和方法。根据传感器感知电磁波波长的不同，遥感可分为可见光—近红外遥感、红外遥感及微波遥感等。从这些遥感方式接收到的电磁波信号来源而获得的遥感影像，均可应用于植被制图。借助遥感技术编制植被图具有许多不可替代的优点：视野广阔，有利于对地面宏观现象如植被带的观察，从而容易划出植被单位的边界并在整张图面上保持单位的相对一致性；能够迅速获得植被动态变化的资料，有利于植被图内容的及时更新；不受地面自然条件的限制，能够获得崇山峻岭或浩瀚沙漠等人们难以到达或不能久留地区的制图资料，有利于编绘更大范围甚至世界性的植被图。

8.3.1　航空遥感与航天遥感

（1）航空遥感

航空遥感是人类较早使用的遥感技术，也是非常先进、完善的遥感技术。由于其可以运载具有高分辨率的摄影系统，所获得的航空影像相片具有较好的几何性质，能够直接用立体镜进行研究，因而至今仍被广泛应用于大、中比例尺植被图的编制。航空遥感的方式主要有航空摄影、多波段摄影、多波段扫描、红外扫描及测试雷达。此外，还包括激光雷达、微波探测、地物波谱等非成像方式。

航空摄影按感光材料可分为全色黑白摄影、黑白红外摄影、彩色摄影、彩色红外摄影和多光谱摄影。全色相片分黑白片和彩色片，它们都反映可见光谱的信息。所不同的是，黑白相片上的色调是从白到黑，灰度深浅的变化；而彩色相片上的颜色是地物天然色彩的再现，能够比较真实地反映地物原有的颜色。但在高空飞行的条件下，由于大气薄雾的影响，成像结果不能保证取得良好的感色性能。所以，在植被研究中，彩色相片的比例尺一般为1∶5 000–1∶15 000。红外摄影除了反映可见光波段所获得的地物信息之外，还能反映人眼看不到的近红外波段的信息，它对0.4~0.9微米波段的电磁波敏感，特别是植物、土壤和水体的光谱反射率差别最大，影响色调差别也大，故对判读十分有利。红外相片又分彩色红外相片和黑白红外相片两种，尤以前者使用最为广泛。彩色红外相片上地物的颜色不同于其天然色彩，与地物的天然色彩相比，向短波方向移动了一个色相。反射红外线的地物，在处理后的相片上一般呈现红色，反射红光的地物呈现绿色，反射绿光的地物则呈现蓝色。自然界物体反射的色光，一般不仅一种，红外相片上的颜色往往是叠加的间色或复色。例如，绿色植物有两个反射率较大的峰值——绿色光和红外光，所以绿色植物的色调就成为蓝色和红色的叠加，呈品红色。但由于绿色植物的红外反射峰值比绿光反射峰值大3~5倍，故叠加色偏红。植物的种类不同，反射红外光能量的多少也不同，植物影像的颜色就在红和品红之间变化。季节对彩色红外相片上的植物颜色也有影响，由于时间和季节不同，植物的生长状况有差异，其颜色也会有变化。彩色红外相片具有信息丰富、影像清晰、分辨率较高的特点，对于植物、水体和土壤的判读十分有利，在植被制图中被广泛应用。热红外扫描图像不是使用摄影方法成像，而是利用扫描方式对地物本身辐射的热红外能量进行探测成像。有些地物的颜色在普通航空相片上色调相同，难以分辨。但是如果温度不同，在热红外图像上色调就不同，热红外扫描图像的温度分辨率可达0.1~0.5度。热红外扫描图像对于研究水体热污染、城市热岛现象等具有较好的效果，同时也被应用于军事、森林火灾监测、地温异常探测、河口海湾的河水与海水交混观测等方面。侧视雷达也广泛应用于植被研究。通过在飞机上安装雷达设备，用天线向地面发射微波（波长0.1~100

厘米），然后接收地面返回雷达天线的反射能量（称雷达回波），用光电管记录下来，并在感光胶片上摄制成像。雷达图像与黑白航空相片一样，也是以深浅不一的黑白色调来反映地物影像，同样也能得到60%的重叠率，可以进行立体观察。由于雷达波能够透过大气层，因而是全天候的探测手段。在雷达航空相片上，水体表面呈现黑色的影像，干旱地区的灌溉和非灌溉土地由于湿度差异，能够在相片上得到反映，植物群落的郁闭度也能在相片上显示出来，因而按雷达影像可以区分出森林、灌丛及其他主要植被类型。激光雷达（light detection and ranging，LiDAR），即激光探测及测距雷达技术，则更为先进。激光雷达以激光器作为发射源，以电探测传感接收元件，依据激光测距的原理进行距离和角度的测量并记录，以此确定被测对象的方位信息。激光雷达设备可以搭载于飞机及无人机设备上，能够对植物和植被的垂直结构进行精确测量，获得其高度、冠层结构、叶面积、物种类型等信息。近年来已成为植被制图的一个新兴手段和重要工具。

（2）航天遥感

人造地球卫星和宇宙飞船，提供了更多遥感平台，使遥感技术的发展跨入了新阶段。航天遥感的遥感方式主要有可见光遥感、红外遥感、微波遥感等。用于植被制图中的主要航天遥感卫星平台及其传感器（截至2018年）相关特征和属性如下。

① 美国陆地卫星（Landsat）。美国陆地卫星计划由美国航空航天局（National Aeronauticsand Space Administration，NASA）和美国地质调查局（United States Geological Survey，USGS）共同管理，用于探测地球资源与环境的系列地球观测卫星系统〔1975年前称为地球资源技术卫星（ERTS）〕。Landsat的轨道与太阳同步的近极地圆形轨道相同，以确保北半球中纬度地区获得中等太阳高度角（25°~30°）的上午成像，而且卫星以同一地方时、同一方向通过同一地点，保证遥感观测条件基本一致，利于图像的对比。陆地卫星具有较高的空间分辨率，属于中高度、长寿命卫星。其搭载可用于植被监测的传感器有多光谱扫描仪（multispectral scanner，MSS）、专题制图仪（thematic mapper，TM）、增强型专题制图仪（enhanced thematic mapper plus，ETM+）、陆地成像仪（operational land imager，OLI）、热红外传感器（thermal infrared sensor，TIRS）等。

② NOAA气象卫星。NOAA是美国国家海洋大气局（National Oceanic and Atmospheric Administration）的实用气象观测卫星。NOAA气象卫星共经历了五代，目前使用较多的为第五代NOAA气象卫星，包括NOAA15-18；作为备用的第四代卫星，包括NOAA9-14。NOAA气象卫星的轨道是接近正圆的太阳同步轨道，轨道高度为870千米和833千米，轨道倾角为98.9°和98.7°。NOAA气象卫星的应用目的是日常的气象业务，平时有两颗卫星运行。其一颗卫星每天至少可以对地面同一地区进

行两次观测，两颗卫星可以进行4次以上的观测。其搭载可用于植被监测的传感器有改进的甚高分辨率辐射计（advanced very high resolution radiometer，AVHRR），共有3代：AVHRR/1（4个波段，1979~1994年，搭载于NOAA6、8和10）；AVHRR/2（5个波段，1981~1999年，搭载于NOAA7、9、11~14）和AVHRR/3（6个波段，1999年至今，搭载于NOAA15~19）。由AVHRR的红光和近红外两个波段衍生的植被指数（如NDVI）可用于植被分类和农作物生长状况监测。AVHRR的NDVI数据是目前能够覆盖全球且时段最长的连续NDVI数据集，在地表植被监测等方面得到广泛应用。但由于AVHRR最初设计为气象卫星，缺少机载校准、受卫星轨道漂移影响、空间分辨率低及波段较宽易受水汽干扰等，对植被动态研究并不理想。其星下点的地面分辨率为1.1千米，幅宽为2 700千米，重访周期为1天。

③ SPOT（Satellite Pour I' Observation de la Terre）卫星。SPOT系列卫星是法国空间研究中心（CNES）研制的地球观测卫星系统，已发射了SPOT卫星1~7号。SPOT卫星采用的太阳同步准回归轨道，由于采用倾斜观测，所以实际上可以对同一地区用4~5天的时间进行观测。相比于Landsat，SPOT卫星图像具有更高空间分辨率，可达10~20米，加之SPOT卫星可以拍摄立体像对，因而在绘制基本地形图和专题图制作等方面的应用更为广泛。其搭载的可用于植被监测的传感器有高分辨率可见光扫描仪（high resolution viewer，HRV）、高分辨率可见光近红外扫描仪（high resolution visible infra-red，HRVIR）、宽视域植被探测仪（vegetation，VGT）、高分辨率几何装置（high resolution geometry，HRG）等。

④ Terra和Aqua卫星。Terra 卫星（之前称为EOSAM-1）是美国（国家航空航天局）、日本（国际贸易与工业厅）和加拿大（空间局、多伦多大学）共同合作发射的卫星，是第一颗地球观测卫星（上午星）；Aqua卫星为第二颗地球观测卫星（下午星）。Terra和Aqua卫星沿地球近极地轨道航行，是太阳同步极轨卫星，高度为705千米，轨道基本垂直于地球的自转方向。主要任务包括：拍摄全球影像，对地表和大气参数进行为期15a的基本观测；探索人类活动与气候变化的关系，改进研究人类活动对气候影响的能力；在全球尺度，利用计算机建模，提升对气候变化的预测能力；获取并基于观测数据，提升对灾害（森林火灾、洪水、干旱及火山喷发等）发生时间和发生地点的预报能力及天气预报的准确度。卫星上共载有5个对地观测传感器，其中可用于植被监测的传感器有中分辨率成像光谱仪（moderate-resolution imaging spectroradiometer，MODIS）、先进星载热辐射与反射测量仪（advanced space borne thermal emission and reflection radiometer，ASTER）。

⑤ 中国—巴西地球资源卫星（China-Brazil Earth Resources Satellite，CBERS）。中国—巴西地球资源卫星（又称资源一号）是中国第一代传输型地球资源卫星，由

中国—巴西地球资源卫星01星、02星、02B星（均已退役）、02C星和04星五颗卫星组成。中国—巴西地球资源卫星为太阳同步轨道，轨道高度约780千米，倾角为98.5°，在国土资源、城市规划、环境监测、减灾防灾、农业、林业、水利等众多领域发挥了重要的作用。其搭载的主要用于植被监测的传感器有高分辨率CCD相机（high resolution CCD camera，HRCC）、宽视场成像仪（wide field imager，WFI）、红外多光谱扫描仪（infrared multispectral scanner，IRMSS）、全色多光谱相机（panchromatic and multispectral camera，panMUX）、多光谱相机（multispectral camera，MUXCam）、宽视场成像仪2（wide field imager，WFI-2）等。

⑥ 先进陆地观测卫星（advanced land observing satellite，ALOS）。ALOS为日本宇宙航空研究开发机构（Japan Aerospace Exploration Agency，JAXA）发射的地球观测卫星。ALOS是日本地球资源卫星（JERS-1）和先进地球观测卫星（ADEOS）的后继星。ALOS和ALOS-2均采用太阳同步轨道，高度为691.65千米，倾角为98.16°。先进陆地观测卫星采用了高速、大容量数据处理技术与卫星精确定位和姿态控制技术，能够获取全球高分辨率陆地观测数据，主要应用于测绘、区域环境观测、灾害监测、资源调查等领域。其搭载的主要用于植被监测的传感器有全色遥感立体测绘仪（three panchromatic sensors for stereomapping,PRISM）、先进可见光与近红外辐射计—2［Adv. visible and near-infrared radiometer（type 2）］、相控阵型L波段合成孔径雷达（L-band synthetic aperture radar，PALSAR）、紧凑型近红外相机（compact infrared camera，CIRC）。

⑦ 哨兵（Semtinel）系列卫星。Sentinel 系列卫星是欧洲哥白尼（Copernicus）计划〔之前称为“全球环境与安全结测”（GMES）计划〕空间部分的专用卫星系列，由欧洲委员会投资，欧洲航天局（European Space Agency，ESA）研制，已发射7颗卫星，分别为Sentinel-IA，Sentinel-IB，Semtinel-2A，Seminel-2B，Sentinel-3A，Sentinel-3B和 Sentinel-5P，均为太阳同步轨道。Semtinel-1A，Seminel-IB高度603千米，倾角为98.18°，用于海洋、陆地监测及应急管理。Sentinel-2A和Seminel-2B高度786千米，倾角为98.5°，是Landsat和SPOT后继陆地监测卫星。Sentinel-3A和Semtinel-3B高度814千米，倾角为98.6°，主要用于海洋监测。Sentinel-SP（Sentinel-5 Precursor）高度824千米，倾角为98.74°，重访周期17天。主要用于对对流层主要污染物和两种温室气体的监测。Sentinel系列卫星具有较高空间分辨率，缩短了与商业卫星的差距，应用范围广泛，具有较好的应用前景。在植物地理学中，除监测植被变化外，还可以观测植物生物物理学特征，如叶的叶绿素及水分情况。其搭载的主要用于植被监测的传感器有C波段合成孔径雷达（C-band SAR instrument，C-SAR）、多光谱成像仪（multispectral imager.MSI）、海洋及陆地彩色成像仪（occan and land color instrument，OLCI）、海陆表面温度辐射计（sea and land surface temperature radiometer，SLSTR）、合成孔径测高仪（Sentinel–3 Ku/C radar altimeter，SRAL）、微波辐射计（microwave radiometer，MWR）、对流层监测仪（TROPOspheric Monitoring Instrument，TROPOMI）。

⑧ 伊科诺斯（IKONOS）。IKONOS由美国空间成像公司于1909年9月24日发射升空，是世界上第一颗高分辨率的商用卫星。IKONOS具有太阳同步轨道，倾角为98.1°，设计高度为681千米。在植被制图中，其影像可以起到良好的辅助解译作用，其主要传感器有光学集成传感器（optical sensor assembly，OSA）。

⑨ 快鸟（Quickbird）。Quickbird是美国Digital Globe公司的商用高分辨率光学卫星，可为全球提供空间分辨率1米以下的商用卫星光学影像，是世界上最先提供亚米线空间分辨率的商业卫星，它具有太阳同步轨道，倾角为98°，设计高度为430千米。其主要传感器为高分辨率传感器（high resolution，HG）：HG搭载于Quickbird，共5个波段，4个空间分辨率为244米的多光谱波段，1个空间分辨率0.61米的全色波段。其幅宽（垂直轨道方向）为16.5千米、重访周期为3天。

⑩ 高分（GF）。中国高分辨率对地观测系统（高分专项）是中国国家中长期科学和技术发展规划纲要（2006~2020年）的16个重大科技专项之一。该系统将统筹建设基于卫星、平流层飞艇和飞机的高分辨率对地观测系统，完善地面资源，并与其他观测手段结合，形成全天候、全天时、全球覆盖的对地观测。现已经发射了10颗卫星，分别为高分一号（GF–1)、二号（GF–2)、三号（GF–3)、四号（GF–4)、五号（GF–5)、六号（GF–6)、八号（GF–8)、九号（GF–9)、十号（GF–10）（失败）及十一号（GF–11）。

GF–1搭载了两台全色多光谱相机和四台多光谱相机。全色多光谱相机幅宽60千米，重访周期为4天，其全色波段空间分辨率为2米；多光谱波段空间分辨率为8米，共4个波段。多光谱相机空间分辨率为16米，幅宽800千米，重访周期为2天，共4个波段，波段范围与全色多光谱相机相同。

GF–2是我国自主研制的首颗空间分辨率优于1米的民用光学遥感卫星，标志着我国遥感卫星进入了亚米级“高分时代”，达到了国际先进水平。其装载有两台全色多光谱相机，波段范围与GF–1的全色多光谱相机相同，但全色波段的空间分辨率为1米，多光谱波段为4米，幅宽45千米，重访周期为4天。

GF–3为雷达遥感卫星，也是中国首颗空间分辨率达到1米的C频段多极化合成孔径雷达成像卫星。其具有12种成像模式，包括条带成像模式和扫描成像模式，以及面向海洋应用的波成像模式和全球观测成像模式，是世界上成像模式最多的合成孔径雷达卫星。

GF-4是我国第一颗地球同步轨道遥感卫星。搭载了一台凝视相机，幅宽400千米，重访周期为20秒。包括6个波段，空间分辨率为400米。它可为我国减灾、林业、地震、气象等应用提供快进、可靠、稳定的光学遥感数据，为灾害风险预警预报、林火灾害监测、地震构造信息提取、气象天气监测等业务补充了全新的技术手段，开辟了我国地球同步轨道高分辨率对地观测的新领域。

GF-5是世界首颗实现对大气和陆地综合观测的全谱段高光谱卫星，填补了我国国产卫星无法有效探测区域大气污染气体的空白，可满足环境综合监测等方面的迫切需求。其装载了大气痕量气体差分吸收光谱仪、主要温室气体探测仪、大气多角度偏振探测仪、大气环境红外甚高分辨率探测仪、可见短波红外高光谱相机、全谱段光谱成像仪共6台传感器，可对大气气溶胶、二氧化硫、二氧化碳、甲烷、水华、水质、核电厂温排水、陆地植被、秸秆焚烧、城市热岛等多个环境要素进行监测。

GF-6是一颗低轨光学遥感卫星，也是中国首颗精准农业观测的高分卫星。其装载了多光谱高分辨率相机（空间分辨率：全色波段为2米，多光谱波段为8米，幅宽90米），多光谱相机（空间分辨率16米，幅宽800米）。GF-6实现了8谱段CMOS探测器的国产化研制，我国国内首次增加了能够有效反映作物特有光谱特性的“红边”波段。GF-6与GF-1组网运行，大幅提高了对农业、林业、草原等资源监测能力。

GF-8属于高分辨率空间立体测绘卫星。GF-9是一颗光学遥感卫星，地面像元分辨率最高可达亚米级。GF-11于2018年7月31日成功发射，主要用于国土普查、城市规划、土地确权、路网设计、农作物估产和防灾减灾等领域。

8.3.2 植被遥感制图

由于遥感技术的特点是不与研究对象本身接触，因此应用遥感方法进行植被制图时，除了应对植被的知识有所了解外，还需要有遥感方面的专门知识和运用特殊技能对遥感影像进行判读的能力，对于航天遥感，还需要借助计算机及相关的遥感图像处理软件来辅助制图。

（1）植被的判读标志。植被的判读标志分为直接判读标志和间接判读标志。直接判读标志主要为：①形状和纹理，②阴影形状，③植物群落影像的颜色或色调；间接判读标志主要为：①群落影像的轮廓差异，②地块大小和排列状况，③地貌特征，④海拔高度。直接判读标志是主要的；间接判读标志通常作为补充。但无论哪一种指标，都必须与典型区域的植被实地调查相结合，才能达到较高的精度。卫星图像比例尺较小（1∶500 000），无法显示群落树冠顶部形状、纹理和阴影等细部特征，因此只能用于非典型区调查。近年来计算机技术进展迅速，遥感图像上的植物和群落结构信息也可以通过扫描仪输入计算机后进行分析、统计、储存和表达，大大减少了人工转绘和量算可能带来的误差，也使制图过程和地理信息系统有机连接起来，同时在此基础上建立起动态的植被信息数据库。要有效地应用遥感图像进行植被判读，应当知道判读目标的光谱性质。组成植被的各类植物一般都具有相似的反射波谱特征，在可见光绿波段0.55微米附近有反射率为10%~20%的反射峰，这是植物叶绿素的特征反射峰，所以植物叶片呈现绿色。到0.68米附近，反射率下降，这是被叶绿素吸收的结果；从0.7~1.4微米及1.5~1.9微米近红外光谱区，植物表现出强烈的反射，高达50%~60%，这个第二反射峰是绿色植物的特征，也是植物有别于其他无叶绿素物体的关键波长区。在近红外波段1.5微米和1.9微米的两个低谷是细胞液和细胞膜水分强烈吸收的结果。对于不同的植物，尽管反射光谱总体相似，但在近红外光段仍有较大的不同，草地反射率最高；其次为阔叶树；然后是针叶树；最低的是水生植物。同一种植物由于生活活力的不同，波谱反射也有差异，活力差的近红外反射率较低。所以植物波谱也是随着植物的生长期和季节而变化的，近红外波段光谱反射率一年有10%~20%的起伏，一般春末夏初最高；其次是春季和夏末；最低是秋季。在可见光波段内，反射率变化较大的是绿波段和红波段。遥感方法、成像比例尺和传感器探测能力的不同，摄影目标的可判读性也各不相同。例如，乔木树冠部分，单株木和成片林木，树冠光谱反射性能就各有差别。因此在多数情况下，不仅要有单一要素表面的光谱反射资料，而且必须有作为物理和生物对象综合的光谱反射资料。此外，植物反射光谱还和环境条件有关，这些都会反映在植物光谱亮度系数的数值上。

（2）遥感制图的步骤。利用航空相片进行植被制图一般包括以下几个步骤。

资料准备。针对研究对象的需要选择遥感图像的时相和波段，确定合成方案和比例尺。选择同比例尺的地形图，按地形图分幅或研究区范围镶嵌遥感图像，使其能与地形图配套，分析已知植被资料，研究地物原型与影像模型之间的关系。

初步解译。根据影像解译标志，即色调、性状、大小、阴影、纹理、图案、布局、位置等建立每个植被类型在相片上的相应影像特征，加以仔细对照研究，分析它们之间的相应关系，从而能够根据遥感相片上不同的影像，初步判读它们所代表的植被类型，取得直接经验。但有时单靠影像类型、色调、结构、形状、大小、阴影等特征，很难把它们所代表的植被类型确定下来，这就需要按照地形特点或地表其他状况（如地表干湿状况等）等间接标志，将不同影像类型、色调、结构等，加以排列成某种序列，可借此判读植被类型。初步解译步骤应是从已知到未知，先易后难，先整体后局部，先宏观后微观，先图形后线形。

野外调查。地面实况调查，包括航空目测、地面路线勘查、定点样地调查和野外地物波谱测定等。此外，还需向当地有关部门了解区域发展历史，收集区域自然地理背景材料和农事历史等。

详细解译。根据实况调查资料，全面修正初步解译，提高解译可信度，对详细解译图可再次进行野外抽样调查或重点调查，确认可信度，直到满意为止。

制图。遥感图像目视解译的结果，一般是以图的形式提供。目视解译图可由人工逐张转绘成图，也可在人工转绘基础上进行光学印刷成图，或用计算机制图。无论哪一种制图，都应符合制图精度的要求。

在大多数情况下，利用遥感相片绘制植被图，要求消除相片中央和边缘处所存在的比例尺差异；一般是把相片边界用手工转绘到地形图上，也可在地形图上描绘轮廓线和主要界标，然后把比例尺调整至遥感相片中央未变形的部分，直到它们能与轮廓线和界标相符合为止。

航空遥感的优点是地面分辨率高，相片的可视化程度较高，目视解译效果较好，可以直接从相片上判读一些植被信息。但是由于航空相片的面积覆盖有限，因此，对大面积地区的植被制图，使用航空相片的费用、工作量巨大。

航天遥感因为其较大的面积覆盖、适度的空间分辨率、较短的重访周期而在植被制图方面得到较广泛的应用。此外，航天遥感的数字影像资料，可以通过计算机，利用专门的图像处理软件（如ArcGIS、ENVI及Terrset等），进行计算机自动分类和辅助制图。

利用航天遥感资料进行植被制图，其基本步骤与航空遥感相似，所不同的有以下几点：①资料选择一般要求多时相和多波段遥感数据。②遥感数据需经过辐射校正、大气校正和几何精校正等处理才可以用于植被分类和制图。③利用航天遥感资料制图建立在植被遥感分类的基础上，一般用多波段资料，通过计算机自动分类。分类按照是否有先验类别可以分为监督分类和非监督分类，常用的监督分类方法主要有最大似然法、决策树法、随机森林法等；常用的非监督分类法有K均值法、支持向量机等。近年来，随着人工智能的兴起，机器学习及深度学习的方法已应用于图像分类，如随机森林、神经网络法等。④遥感影像经过计算机自动分类的结果，必须用野外调查资料进行验证和修正，存在“分类—验证—再分类”的反复过程，直至达到满意的分类精度为止。⑤基于植被分类结果，根据制图需要再制成各专题图件。

第9章　生物气候图的绘制

9.1　实验目的

（1）学习生物气候图的绘制方法。

（2）加深理解植被分布与气候之间的相互关系，并预测研究区域的地带性植被类型及其特点。

9.2　实验原理

植被是指覆盖一个区域的植物群落。某一地区植被的类型，主要取决于该地区的气候和土壤条件，其中气候条件的影响更为重要。因此，每种气候条件下都有它特有的植被类型，特别是水热组合状况在决定植被类型中起着重要作用。Walter生物气候图解能较好地反映水、热二者综合的气候特点，是目前解释植被分布规律一种比较理想的方法。

Walter生物气候图解主要是用月平均气温和月平均降水量的匹配关系来表示生物气候类型。通常以月平均气温和月平均降水量为两个纵坐标（右边为降水量，左边为温度），两者之间的匹配关系为P=2T（其中P为月平均降水量，T为月平均温度），而用一年中的12个月份作为横坐标。

9.3　实验器材

（1）气象资料：内蒙古自治区通辽市和巴彦浩特市近二十年来气象站台的逐月年平均降水量和年平均温度资料以及最低、最高温度等气象数据。

（2）实验器材：坐标纸、直尺、铅笔、橡皮。

9.4　操作步骤

（1）气象数据的整理。根据收集到的多年气象数据，计算出试验用数据气象站点的逐月年平均降水量和年平均温度；统计出最低日均温度低于0℃的月份和绝对最低温度低于0℃的月份。

（2）坐标轴刻度的确定。

① 按P=2T分别建立两条纵轴（降水与温度）的坐标刻度值，每个刻度的大小视站点逐月平均气温和平均降水量的具体数值大小而定，如月平均降水量温度曲线1刻度等于10℃，则月平均降水刻度1格等于20毫米。若月平均降水量超过100毫米，则刻度单位缩小1/10。

② 以两条均分为12段（代表12个月）的平行直线作为横坐标，并从左至右依次标出1月，2月，3月，…，12月。

（3）生物气候图的绘制

根据上述确定的坐标体系以及计算出来的逐月年均降水量和逐月年平均温度，在坐标纸上绘制年平均降水量曲线和年平均温度曲线，并标定图示。

① 将降水曲线与温度曲线相交的区域填充不同的标示符。如果温度曲线在上，降水曲线在下，两者之间的区域表示干旱期，将此区域用小黑点填充。

② 如果温度曲线在下，降水曲线在上，两者间的区域表示湿润期，将此区域用细黑竖线填充。

③ 月平均降水量超过100毫米的区域用黑色填充。

④ 在降水轴的上方，标明该站点的年均温度和年均降水量。

⑤ 在温度轴的上方标明该站点的海拔高度和经纬度，并在温度轴的上方外侧，标出绝对最高温度；在温度轴与横轴相交处的外侧，标出绝对最低温度。

⑥ 在双线轴线上将最低日均温度低于0℃的月份用黑色填充；将绝对最低温度低于0℃的月份用斜线条填充。

⑦ 在气候图解的左上方标明站点的名称。

9.5　实验结果（见图9-1、图9-2）

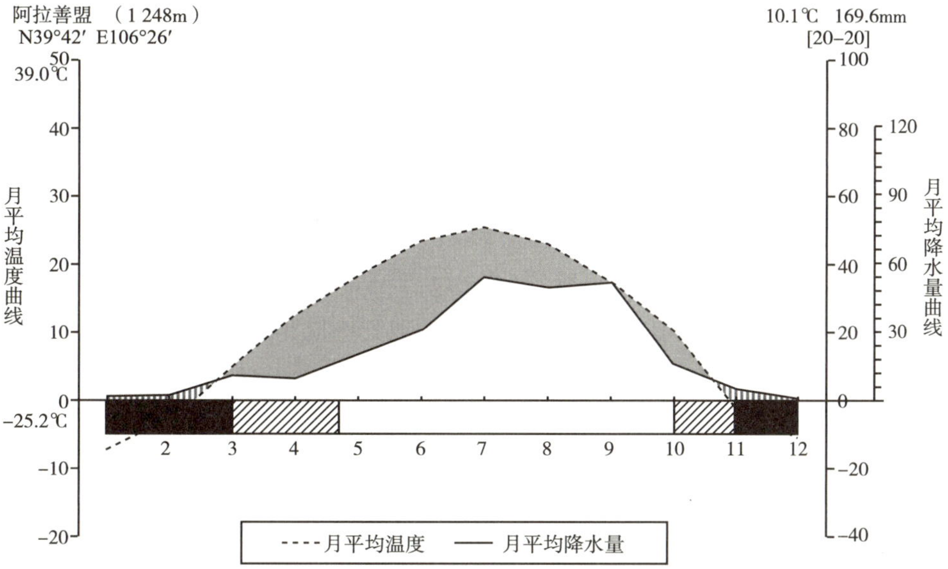

图9-1　内蒙古自治区阿拉善盟生物气候

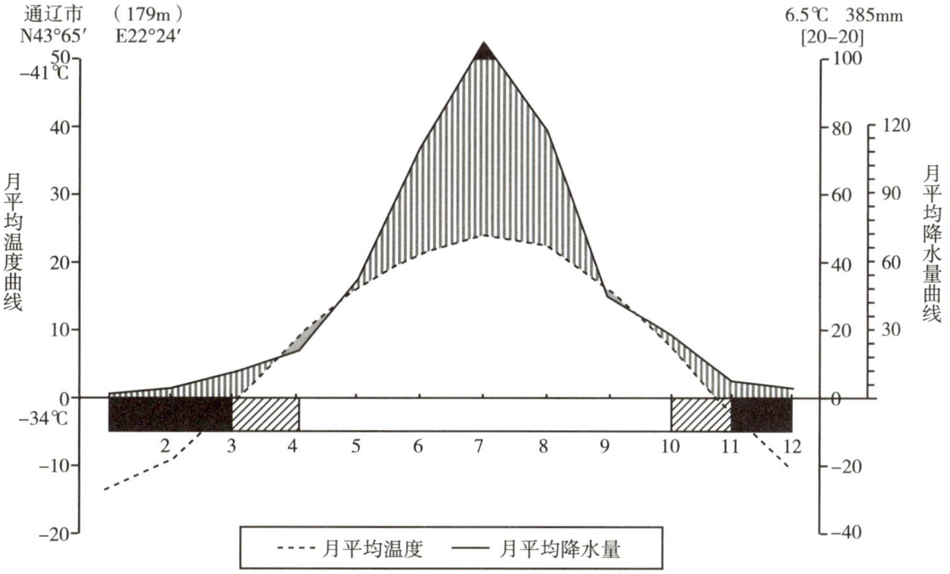

图9-2　内蒙古自治区通辽市生物气候

9.6 分析与讨论

巴彦浩特市位于北纬39°42′，东经106°26′，平均海拔1 248米，年平均气温10.1℃，最高气温39℃，最低气温零下25.2℃，年平均降水169.6毫米。全年大部分时间温度曲线在上，降水曲线在下，气候干旱，尤其是3~7月。

通辽市位于北纬43°65′，东经122°24′，平均海拔179米，年平均气温6.5℃，最高气温41℃，最低气温零下34℃，年平均降水385毫米。全市绝大部分时间里，降水线在温度线之上。3~6月温度上升，7月达到最大值，降水显著增加，直至8月达到最大值，之后降水减少。3月下旬到5月初处于干旱期，6~10月，气候湿润。

综上所述，这两个城市的气候很不相同。地处内陆地区的阿拉善盟气候比通辽市更加干旱。

第10章　植物地理学常规数据处理与统计分析方法

处理数据是科学研究的核心环节之一。在植物地理学研究中，运用大量的调查或实验数据，运用统计学原理，对其实验结果进行科学的分析，从而做出符合科学实际的推断。统计学涉及内容广泛，根据分析对象和深度的不同，具有很多不同的统计分析方法。这里仅提供涉及植物地理学本科学生实验常用的一些数据处理方法。具体的运算可以通过计算机专业软件或相关软件来完成。植物地理学实验获得的数据最基本处理过程如图10-1所示。

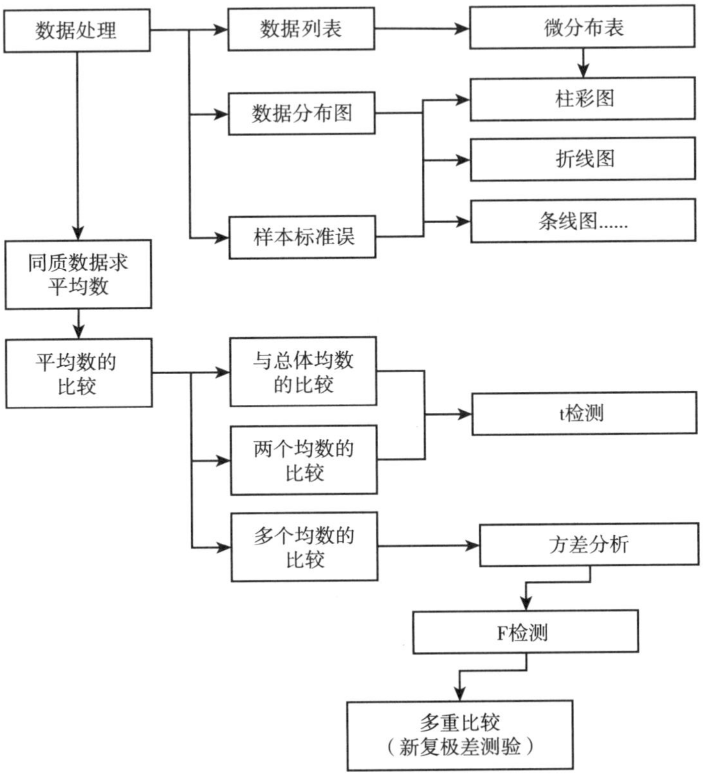

图10-1　数据处理流程

资料来源：杨持，2003.

10.1 平均数和标准差

平均数是表示数据集中趋势最常用的指标，而标准差则是表示数据离散趋势的最常用指标。在统计学中，表示数据集中趋势的指标有多个，使用最多的是算术平均数，简称为平均数，通常用符号x表示。

如果一个含量为n的样本，其n个观察值分别用x_1、$x_2 \cdots x_n$表示，则它们的平均数为：

$$\overline{x} = \frac{x_1 + x_2 + \cdots x_n}{n} = \frac{\sum_{i=1}^{n} x_i}{n} \tag{10-1}$$

如果样本中有n_1个x_1、n_2个x_1，那么，n_1+n_2个数的平均数是加权平均数。

$$\overline{x} = \frac{n_1 x_1 + n_2 x_2}{n_1 + n_2} \tag{10-2}$$

平均数具有以下几个基本特性：

（1）平均数的计算与样本内每个值都有关，它的大小受每个值的影响。

（2）若每个x_i，乘以相同的数k，则平均数亦应乘以k。

（3）若每个x_i，都加上相同的数A，则平均数亦应加上A。

在统计学中，表示数据变异程度的指标有多个，使用最多的是标准差（或方差），通常用符号s（或s^2）来表示。

首先求出离均差，即每个数与它们的平均数之间的离差；其次将所有的离均差求得平方，再相加，得出离均差平方和；最后用离均差平方和去除$n-1$（按照统计学理论，不要用样本含量n去除），所得的商称为样本方差，用符号s^2表示：

$$s^2 = \frac{\sum_{i=1}^{n} (x_i - \overline{x})^n}{n-1} \tag{10-3}$$

方差s^2是离均差平方的平均数。虽然方差在实际应用中运用得最广泛，但因它的单位是原始数据单位的平方，所以它不能直接地指出某个数x与平均数之间的偏离究竟达到什么程度。为此，采用标准差s做标准，衡量x与平均数之间的离散程度。

$$s = \sqrt{\frac{\sum_{i=1}^{n} (x_i - \overline{x})^n}{n-1}} \tag{10-4}$$

10.2 数据的表示

在研究中，往往是用样本的信息来推断总体的特征。由于抽样误差，样本的平均数并不恰好等于总体平均数，这样由抽样导致的样本平均数与总体平均数之差称为均数的抽样误差。同时，也由于取样的多少不同，所得样本的均数之间也不一定相等。样本均数是否能够反映总体均数，取决于研究工作对正确性的要求。这个正确性的水平就是检验水平α。

检验水平$\alpha=0.05$，表示用一样本均数估计未知总体均数，理论上有95％×（1−α）的正确水平。这时均数的可信区间为：

$$\left(\overline{x}-t_{av}\cdot\frac{s}{\sqrt{n}},\ \overline{x}+t_{av}\cdot\frac{s}{\sqrt{n}}\right) \tag{10-5}$$

式中，$\overline{x}$为样本均数；n为样本数量；v为自由度（$v=n-1$）；t_{av}为在检验水平为α、自由度为v时，查t值表得到的值；s为样本标准差。

10.3　数据的检验

当样本含量$n<30$且总体方差σ^2未知时，要检验样本平均数$\overline{x}$与指定的总体平均数μ_0之间的差异显著性，或检验两个样本平均数（$\overline{x}_1$）和（$\overline{x}_2$）与所属总体平均数μ_1和μ_2是否相等，就必须使用t检验。在植物地理学研究中，由于实验条件和研究对象的限制，许多时候很难达到样本含量大于30，特别是研究总体的方差σ^2在绝大多数情况下是未知的。因此，t检验在植物地理学研究中具有重要的应用意义。t检验的方法很多。在此，仅介绍最常应用的成组数据t检验。成组数据资料的特点是指两个样本的各个观察值是从各自的总体中随机抽取的，两个样本没有任何关联，即两个样本彼此独立。根据两组数据样本平均数的大小，检验其总体之间的差异显著性。

10.3.1　样本均数与总体均数比较的t检验

这种检验主要是推断样本均值$\overline{x}$所代表的未知总体均数μ与已知的总体未知均数μ_0是否相等，这时首先计算统计量t值：

$$t=\frac{\overline{x}-\mu_0}{s_{\overline{x}}}=\frac{\overline{x}-\mu_0}{s/\sqrt{n}}\qquad v=n-1 \tag{10-6}$$

查t表，得α值。如果$\alpha>0.05$，一般认为没有差异；如果$0.01\leqslant\alpha\leqslant0.05$，认为有显著差异；如果$\alpha<0.01$，认为达到极显著差异。

10.3.2　成对数据的比较

这类数据组间的比较，首先是计算各对数据之间的差值d及其均数$\overline{d}$，这样两组成对数据之间的比较就转化成了其差数的均数$\overline{d}$与0之间的比较。首先计算统计量t值：

$$t = \frac{\bar{d}}{s_d / \sqrt{n}} \tag{10-7}$$

$$s_d = \sqrt{\frac{\sum d_i^2 - \left(\sum d_i\right)^2 / n}{n-1}} \qquad v = n-1 \tag{10-8}$$

查t表，得α值。如果$\alpha>0.05$，一般认为没有差异；如果$0.01 \leqslant \alpha \leqslant 0.05$，认为有显著差异；如果$\alpha<0.01$，认为达到极显著差异。

10.3.3 两样本均数的比较

原理同上，计算t值，确定自由度v，然后查阅t表，查阅置信度区间。通过比较实际的置信度区间和要求的置信度区间的差异，判定样本均数有无差异性。

若样本1的观测值有n_1个，样本2的观测值有n_2个，它们的均数分别是（$\bar{x}_1$）和（$\bar{x}_2$），则：

$$t = \frac{\bar{x}_1 - \bar{x}_2}{\sqrt{\frac{\sum x_{1i}^2 + \sum x_{2i}^2 + \left[\left(\sum x_{1i}^2\right)^2 / n_1 - \left(\sum x_{2i}^2\right)^2 / n_2\right]}{n_1 + n_2 - 2}\left(\frac{1}{n_1} + \frac{1}{n_2}\right)}} \tag{10-9}$$

$$v = n_1 + n_2 - 2$$

如果$n_1 = n_2$，式（10-9）可以简化为：

$$t = \frac{x_1 - x_2}{\sqrt{\frac{\sum x_{1i}^2 + \sum x_{2i}^2 + \left[\left(\sum x_{1i}\right)^2 - \left(\sum x_{2i}\right)^2\right] / n}{n(n-1)}}} \tag{10-10}$$

两个均数的比较可以用SPSS来完成，其步骤如下：

打开SPSS→单击下方的“Variable View”→在“Name”栏第1行输入“样本”，在“Name”栏第2行输入“实验数据”→单击“Data View”返回→根据每个样本个体数n_1和n_2，分别在“样本”列下依次输入n_1个“1”和n_2个“2”，在“实验数据”列与“1”对应依次输入第1个样本的数据，与“2”对应依次输入第2个样本的数据→打开“Analyze”→“CompareMeans”→“Independent Sample T Test”，将“实验数据”送入“Test Variable”对话框，将“样本”送入“Grouping Variable”对话框。单击“Define Groups”按钮，在“Use Specified Values”下的“Group1”中输入“1”（表示第1个样本），“Group2”中输入“2”（表示第2个样本），接着按“Continue”返回。最后按“OK”就可以得到两个样本平均数的t检验结果。

10.3.4 方差分析

方差分析是一类特定情况下的统计假设检验，可以同时判断多组数据平均数之间的差异显著性，简称ANOVA。

在一个多处理实验中，可以得出一系列不同的观察值。造成观察值不同的原因是多方面的，有的是处理不同所引起的，称作处理效应；有的是实验过程中偶然性因素的干扰和测量误差所导致，称作实验误差。方差分析的基本思想是将测量数据的总变异按照变异原因不同，分解为处理效应和实验误差，并作出数量估计。方差分析的目的就是检验处理效应的大小或有无。通过方差分析，确定各种原因在总变异中所占的重要程度，即用处理效应和实验误差在一定意义下进行比较。若二者相差不大，则可认为实验处理对指标影响不大；若二者相差较大，则可说明实验处理的影响是很大的，不可忽视。

方差分析过程如下：

（1）方差和自由度。设有k组样本，每样本皆具有n个观测值，则共有nk个观测值。这些观测值的总变异s_T^2由组间变异s_t^2和组内变异s_e^2构成。它们可以分别按下列公式计算得到：

$$s_T^2 = \frac{\sum\left(x_{ij} - \overline{x}\right)^2}{nk - 1} \tag{10-11}$$

$$s_t^2 = \frac{\sum\left(x_j - \overline{x}_j\right)^2}{k - 1} \tag{10-12}$$

$$s_e^2 = \frac{\sum\sum\left(x_i - \overline{x}_i\right)^2}{k\left(n - 1\right)} \tag{10-13}$$

式中，$i=1, 2, 3, \cdots, k$；$j=1, 2, 3, \cdots, n$；总变异自由度为$nk-1$；组间自由度为$k-1$；组内自由度为n（$n-1$）。

（2）F检验。根据以上方差分析结果，可以得到F值：

$$F = \frac{s_t^2}{s_e^2} \tag{10-14}$$

将计算得到的F值和查表得到的F_α值（在以上特定的自由度和拟订的显著水平上）进行比较。如果$F>F_\alpha$，则说明组间变异量显著地大于组内变异量，即不同处理间的结果是有差异的。

（3）多重比较。F测验得到的结果是一个整体差异，即说明处理组的平均值是有显著差异的。但并不说明各个平均数之间都有显著差异，也不能说明是一部分平均数有差异，而另外一部分平均数间没有差异。为此需要对各平均数进行多重比较。这里介绍最常用的Duncan法，又称为新复极差测验（SSR）。它的计算过程分别可以表示如下：

①计算平均数的标准误（SE）。当各样本的容量均为n时：

$$SE = \sqrt{\frac{S_e^2}{n}} \tag{10-15}$$

②查SSR表，可以得到在各自由度下，$n=2$，3，…，n时的SSR值，进而算得各个p下的最小显著极差LSR（p为某两极差间所包含的平均数个数）：$LSR=SE\times SSR_e$。

③将各平均数按大小顺序排列，用各个p的LSR_e值测验各平均数两极差的显著性：凡是两极差小于LSR_e，即认为两个平均数间在α水平上没有差异；凡极差大于等于LSR_e，即两极差在α水平上差异显著。

④多重比较的结果表示方法很多，但目前国际上生态学主要刊物大多采用Duncan法。它的表示方法如下：

将全部平均数从大到小依次排列，然后在最大的平均数上标字母α，并将该平均数与以下各平均数相比，凡相差不显著的（小于LSR_e的），都标记上α，直至某个与之相差显著的平均数标以字母b；再以标有b的平均数为标准，与下方的平均数比，凡不显著的继续以字母b标记，直到某个与之相差显著的平均数标以字母c。如此重复下去，直到最小的一个平均数有了标记字母为止。这样，各个平均数间，凡标有一个相同字母的即为差异不显著；凡标有不同字母的即为差异显著。

在实际应用中，为了区分0.05和0.01水平上的差异性，以小写字母表示0.05水平；以大写字母表示0.01水平。

上述统计过程可以应用SPSS来完成，具体步骤如下：

打开SPSS→单击下方的“Variable View”→定义变量属性→单击“DataView”返回→输入数据→File→Save→依次打开“Analyze”“Compare Means”“One-Way ANOVA”→设置因变量和自变量→打开“Post Hoc”子对话框→选中“Equal Variances Assumed”→选择“Duncan”→单击“Continue”回到主对话框→OK，即可得到ANOVA和Duncan多重比较结果。

上述操作得到的Duncan多重比较结果的显著性水平为$\alpha=0.05$（系统默认值）。如果要得到$\alpha=0.01$的多重比较结果，只要打开“Post Hoc”，将最下方的“Significant Level”中的0.05改为0.01，然后单击“OK”。

（4）回归与相关。在植物地理学研究中，经常会遇到两个或多个变量间的关系问题。变量之间相互制约，相互依存。一种变量受另一种变量的影响，两者之间既有关系，但又不存在完全确定的函数关系。知道其中一种变量，并不能精确求出另一变量的值，如树木的胸径与树高就属于这一类例子。

设有两个随机变量X和Y，对于任一随机变量每个可能的值，另一个随机变量都有一个确定的分布与之对应，则称这两个随机变量之间存在相关关系。

研究两个变量之间的关系主要是为了探求两变量的内部联系，或者是从一个变量X（可以是随机变量，也可以是一般变量），去推测另一个随机变量Y。如果对于变量X每一个可能的值X_i，随机变量Y都有一个分布相对应，则称随机变量Y对变量X存在回归关系。X称为自变量，Y称为因变量。

在做两个变量之间的关系研究时，首先要收集数据，从变量X中得到x_1，从随机变量Y中得到对应的y_1。在收集到许多对数据之后，最好先做出一个散点图，直观地描述一下两个变量之间的关系。根据散点图考虑以下问题：

①两变量之间的关系是否密切，我们能否用X来估计Y。

②两变量之间的关系是线性的（散点呈一条直线），还是非线性的（散点呈某种曲线或无规律）。

③是否存在某个点偏离过大。

④是否存在其他关系。

如果两个变量之间的关系是线性的，分析起来比较简单。如果两个变量之间的关系是非线性的，则需要将数据进行必要的转换，将曲线化为直线，再按直线回归处理。下面介绍直线回归方法。

在具有回归关系的两个变量之间，对于任一个x_i，都不会有一个确切的y_i与之对应，而是有一个分布相对应。当$X=x_i$时，Y的平均数为$\mu_y \cdot X=x_i$，若两个变量之间是线性关系，则有：

$$\mu_y = \alpha + \beta X \tag{10-18}$$

一般情况下，只能通过实验或调查获得有限对数据。因此，得不到真正的μy、α和β值，只能用它们的估计值。

$$Y = a + bX \tag{10-19}$$

用y估计μy，a估计α，b估计β。式（10–19）称为Y对X的回归方程，所画的直线称为回归线，b称为回归系数。

利用最小二乘法，通过实验或调查数据，计算a和b：

$$a = y - bx \tag{10-20}$$

$$b = \frac{\sum_{i=1}^{n}(x_i - \overline{x})(y_i - \overline{y})}{\sum_{i=1}^{n}(x_i - \overline{x})^2} = \frac{S_{xy}}{S_{xx}} \tag{10-21}$$

两个变量之间线性回归的显著程度是由β决定的。当$\beta=0$时，两个变量之间不存在线性关系。因此，在得到样本回归系数b之后，还必须要对$H_0:\beta=0$、$H1:\beta\neq 0$的假设做检验。如果不能拒绝$\beta=0$、$H_1:\beta\neq 0$，就没有足够的理由认为Y和X之间存在线性关系。回归系数的显著性检验用t检验，检验统计量为：

$$t = \frac{b}{sb} \tag{10-22}$$

服从$n-2$自由度的t分布。式（10-22）中，S_b为回归系数b的标准差。

$$s_b = \sqrt{\frac{MS_e}{S_{XX}}} \tag{10-23}$$

$$MS_e = \frac{S_{YY} - bs_{XY}}{n-2} \tag{10-24}$$

$$S_{YY} = \sum_{i=1}^{n}(yi - \overline{y})^2 \tag{10-25}$$

应用SPSS完成一元线性回归分析的步骤如下：

第一步，打开SPSS→单击下方的“Variable View”→在“Name”栏第1行输入自变量“X”，在第2行输入因变量“Y”→点击“Data View”返回→输入数据→依次打开“Analyze”“Regression”“Linear”→将因变量“Y”送入“Dependent”对话框，自变量“X”送入“Independent”对话框→单击“OK”。这样就可以得到一元线性回归分析的所有结果，包括回归系数a、b及其显著性检验，回归方程的ANOVA及X和Y的相关系数及显著性检验结果。

第11章　内蒙古常见植物图鉴

裸子植物门 GYMNOSPERMAE

松科 Pinaceae

云杉属 *Picea* A. Dietr.

白扦 *Picea meyeri* Rehd. et E. H. Wilson

主要特征：中生乔木。高达30米。树皮灰褐色，裂成不规则的薄片，脱落；一年生小枝淡黄褐色，二或三年生枝黄褐色或淡褐色；小枝具隆起叶枕；冬芽圆锥形，淡褐色或褐色，微有树脂；芽鳞先端微向外反曲；小枝基部芽鳞宿存，先端向外反曲。叶四棱状锥形。球果矩圆状圆柱形，幼球果紫红色，直立，成熟前绿色，下垂，成熟时褐黄色；种子暗褐色，具翅（见图11-1）。

生境：生于海拔1 400~1 700米的山地阴坡、半阴坡或沙地。

分布：兴安南部、燕山北部、阴山等州。

经济价值：木材；园林绿化树种。

图11-1　白扦

落叶松属 *Larix* Mill.
华北落叶松 *Larix principis-rupprechtii* Mayr

主要特征：中生乔木。高达30米。树皮灰褐色或棕褐色，纵裂成不规则小块片状脱落；树冠呈圆锥形。一年生长枝淡褐色或淡褐黄色，二或三年生枝灰褐色或暗灰褐色。叶窄条形，先端尖或钝。球果卵圆形或矩圆状卵形，成熟时淡褐色，有光泽，种鳞26~45枚；苞鳞暗紫色，长为种鳞的1/2~2/3；种子斜倒卵状椭圆形，灰白色，具翅（见图11-2）。

生境：生于海拔1 400~1 800米山地的阴坡、阳坡及沟谷边。

分布：燕山北部州。

经济价值：木材；造林树种。

图11-2　华北落叶松

被子植物门 ANGIOSPERMAE
双子叶植物纲 Dicotyledoneae
桦木科 Betulaceae
桦木属 *Betula* L.
白桦 *Betula platyphylla* Suk.

主要特征：中生乔木。高10~20（30）米。树皮白色，成层少剥裂，内皮呈赤褐色。叶纸质，三角状卵形、长卵形、菱状卵形或宽卵形，边缘具不规则的粗重锯齿，叶下面密生腺点，侧脉5~8对；果序单生，圆柱形，下垂或斜展；果苞上部具3裂片，中裂片三角状卵形。小坚果呈宽椭圆形或椭圆形，膜质翅比小坚果高1/3和稍宽或相等（见图11–3）。

生境：山地阳坡。

分布：兴安北部、兴安南部、岭东、岭西、燕山北部、科尔沁、阴山、阴南丘陵、赤峰丘陵、贺兰山等州。

经济价值：木材；园林绿化树种；药用植物，树皮入药。

图11–3　白桦

虎榛子属 *Ostryopsis* Decne.

虎榛子 *Ostryopsis davidiana* Decne.

主要特征：中生灌木。高1~2（5）米。树皮淡灰色；茎基部多分枝。叶宽卵形、椭圆状卵形，边缘具粗重锯齿，中部以上有浅裂。雌雄同株；雄柔荑花序单生叶腋，下垂；苞鳞宽卵形，外面疏被短柔毛，每苞片有4~6枚雄蕊。果序总状，下垂，由4~10枚果组成，着生于小枝顶端；果苞厚纸质，外具紫红色细条棱。小坚果栗褐色（见图11–4）。

生境：山坡、林缘。

分布：兴安南部、科尔沁、呼锡高原、阴山、乌兰察布、贺兰山等州。

生态价值：在荒山坡或林缘常形成虎榛子灌丛，具有重要的水土保持作用。

图11–4　虎榛子

壳斗科 Fagaceae
栎属 *Quercus* L.
蒙古栎 *Quercus mongolica* Fisch. ex Ledeb.

主要特征：落叶中生乔木。高达30米。树皮暗灰色，深纵裂。叶革质，倒卵状椭圆形或倒卵形，先端钝圆或急尖，基部耳形，边缘具8~10（12）对波状裂片；雄花序生于新枝下部；花被6~8裂，雄蕊通常8~10裂；雌花序生于新枝上端叶腋，有花4~5朵，通常只1~2朵发育，花被6裂，花柱短，柱头3裂。壳斗杯形，包着坚果1/3~1/2，壳斗外壁小苞片三角状卵形，呈半球形瘤状突起，密被灰白色短绒毛，伸出口部边缘呈流苏状。坚果卵形至长卵形，果脐微突起（见图11–5）。

生境：山地、林缘。

分布：岭东、兴安北部、兴安南部、辽河平原、科尔沁、燕山北部等州。

经济价值：木材；药用植物，树皮入药。

图11–5　蒙古栎

榆科 Ulmaceae
榆属 *Ulmus* L.
大果榆 *Ulmus macrocarpa* Hance

主要特征：落叶旱中生小乔木或灌木。树皮灰色或灰褐色，浅纵裂。叶厚革质，倒卵状圆形、宽倒卵形或倒卵形，基部圆形、楔形或微心形，近对称或稍偏斜。花5~9朵簇生于去年枝上或生于当年枝基部；花被钟状，上部5深裂。翅果倒卵形、近圆形或宽椭圆形，两面及边缘具柔毛，果核位于翅果中部（见图11–6）。

生境：生于海拔700~1 800米的山地、沟谷及固定沙地。

分布：岭东、岭西、兴安南部、燕山北部、辽河平原、科尔沁、呼锡高原、乌兰察布、赤峰丘陵、阴山、阴南丘陵等州。

经济价值：木材；药用植物，果实入药。

图11-6　大果榆

大麻科 Cannabaceae

野大麻 *Cannabis sativa* L. f. *ruderalis*（Janisch.）Chu

主要特征：一年生中生草本。高约1米。茎直立，皮层富纤维。叶互生或下部的对生，掌状复叶，小叶3~7（11）。花单性，雌雄异株。花序生于上叶的叶腋，雄花排列成长而疏散的圆锥花序。萼片5，无花瓣；雌花序成短穗状，每朵花在外具1卵形苞片，先端渐尖，内有1薄膜状花被，紧包子房。瘦果成熟时表面具棕色大理石状花纹，基部具关节（见图11-7）。

生境：生于草原及向阳干山坡，固定沙丘及丘间低地。

分布：兴安北部、呼锡高原、乌兰察布等州。

经济价值：药用植物，种仁入蒙药；纤维植物。

图11-7　野大麻

荨麻科 Urticaceae
荨麻属 *Urtica* L.
麻叶荨麻 *Urtica cannabina* L.

主要特征：多年生中生草本。高100~200厘米，全株被柔毛和螫毛；具铺匐根茎，茎直立，丛生，通常不分枝。叶片轮廓五角形，掌状3深裂或3全裂。裂片再成缺刻状羽状深裂或羽状缺刻。花单性，雌雄同株或异株，同株者雄花序生于下方；穗状聚伞花序丛生于茎上部叶腋间，分枝；雄蕊4，花丝扁；雌花花被4中裂。瘦果宽椭圆状卵形或宽卵形（见图11-8）。

生境：生于人和畜经常活动的干燥山坡、丘陵坡地、沙丘坡地、山野路旁、居民点附近。

分布：兴安北部、岭东、燕山北部、辽河平原、科尔沁、兴安南部、岭西、呼锡高原、乌兰察布、赤峰丘陵、阴山、阴南丘陵、鄂尔多斯、贺兰山等州。

经济价值：药用植物，全草入药。

图11-8　麻叶荨麻

蓼科 Polygonaceae
大黄属 *Rheum* L.
华北大黄 *Rheum franzenbachii* Munt.

主要特征：多年生旱中生草本植物。植株高30~85厘米。根肥厚。茎粗壮，直立，通常不分枝。基生叶大，叶柄长7~12厘米，叶片心状卵形，基部近心形，边缘具皱波，叶脉3~5条，由基部射出，紫红色；茎生叶较小，有短柄或近无柄，托叶鞘长卵形，暗褐色，下部抱茎。圆锥花序直立顶生，内含3~5朵花；花白色，花被片6，排成2轮；雄蕊9；子房呈三棱形，花柱3，向下弯曲，柱头略扩大。瘦果宽椭圆形，沿棱生翅。顶端略凹陷，基部心形，具宿存花被（见图11-9）。

生境：石质山坡、砾石坡地。

分布：兴安北部、岭西、呼锡高原、兴安南部、科尔沁、赤峰丘陵、燕山北部、乌兰察布、阴山、阴南丘陵等州。

经济价值：药用植物，根入药。

图11-9　华北大黄

蓼属 *Polygonum* L.
萹蓄 *Polygonum aviculare* L.

主要特征：一年生中生草本植物。高10~40厘米。茎平卧或斜升，由基部分枝。叶片狭椭圆形、矩圆状倒卵形、披针形、条状披针形或近条形，全缘，叶基部具关节；托叶鞘下部褐色，上部白色透明，先端多裂。花常1~5朵簇生于叶腋；花梗细而短，顶部有关节；花被5深裂，边缘白色或淡红色；雄蕊8，比花被片短；花柱3，柱头头状。瘦果卵形，具3棱，微露出于宿存花被之外（见图11-10）。

生境：盐化草甸、草甸、田野、路旁、村舍附近或河边湿地等。

分布：全区各州。

经济价值：药用植物，全草入药；优等饲用植物。

图11-10　萹蓄

叉分蓼 *Polygonum divaricatum* L.

主要特征：多年生旱中生草本。高70~150厘米。茎直立或斜升，中空，节部通常膨胀，多分枝，常呈叉状，疏散而开展，外观构成圆球形的株丛。叶具短柄或近无柄，叶片披针形、椭圆形以至矩圆状条形。托叶鞘褐色，脉纹明显。花序顶生，大型，为疏松开展的圆锥花序；苞卵形，膜质，褐色，内含2~3朵花；花被白色或淡黄色，5深裂；雄蕊7~8，比花被短；花柱3。柱头头状。瘦果卵状菱形或椭圆形，具3锐棱（见图11-11）。

生境：草甸、坡地、固定沙地。

分布：兴安北部、岭西、兴安南部、科尔沁、辽河平原、呼锡高原、燕山北部、赤峰丘陵、阴山、阴南丘陵、鄂尔多斯等州。

经济价值：药用植物，全草及根入药；中等饲用植物。

图11-11　叉分蓼

拳参 *Polygonum bistorta* L.

主要特征：多年生中生草本。高20~80厘米。根状茎肥厚，弯曲，外皮黑褐色。

茎直立，较细弱，不分枝，通常2~3自根状茎上发出。茎生叶具长柄，沿叶柄下延成狭翅，边缘通常外卷：托叶鞘筒状，上部锈褐色，下部绿色。花序穗状，顶生，圆柱状，通常长3~9厘米，花密集；苞片淡褐色，膜质，内含4朵花；花被白色或粉红色，5深裂；雄蕊8，与花被片近等长；瘦果椭圆形，具3棱，常露出宿存花被外（见图11-12）。

生境：山地草甸和林缘。

分布：兴安北部、岭东、兴安南部、呼锡高原、科尔沁、赤峰丘陵、岭西、阴山、阴南丘陵、鄂尔多斯、贺兰山等州。

经济价值：药用植物，根状茎入药。

图11-12 拳参

藜科 Chenopodiaceae

雾冰藜属 *Bassia* All.

雾冰藜 *Bassia dasyphylla*（Fisch. et C. A. Mey.）Kuntze

主要特征：一年生旱生草本植物。高5~30厘米，全株被灰白色长毛。茎直立，多分枝，开展。叶肉质，圆柱状或半圆柱状条形。花单生或2朵集生于叶腋，但仅1花发育；花被球状壶形，草质，5浅裂，果时在裂片背侧中部生5个锥状附属物，呈五角星状。胞果卵形；种子横生（见图11-13）。

生境：沙质草原、沙质撂荒地、固定沙地。

分布：呼锡高原、科尔沁、兴安南部、赤峰丘陵、燕山北部、乌兰察布、阴南丘陵、鄂尔多斯、东阿拉善、西阿拉善、贺兰山、额济纳等州。

经济价值：中等饲用植物。

图11-13 雾冰藜

藜属 *Chenopodium* L.

尖头叶藜 *Chenopodium acuminatum* Willd.

主要特征：一年生中生草本，高10~30厘米。茎直立，分枝或不分枝，枝通常平卧或斜升。叶片全缘，通常具红色或黄褐色半透明的环边。花每8~10朵聚生为团伞花簇，花簇紧密地排列于花枝上，形成有分枝的圆柱形花穗，或再聚为尖塔形大圆锥花序；花序轴密生玻璃管状毛；花被片5，背部中央具绿色龙骨状隆脊。胞果扁球形；种子横生，表面有不规则点纹（见图11-14）。

生境：盐碱地、河岸砂质地、撂荒地和居民点的砂壤质土壤。

分布：呼锡高原、兴安南部、辽河平原、岭西、乌兰察布、阴山、阴南丘陵、鄂尔多斯、东阿拉善等州。

经济价值：可作猪饲料。

图11-14 尖头叶藜

藜 *Chenopodium album* L.

主要特征：一年生中生草本。高30~120厘米。茎直立，嫩时被白色粉粒，多分枝，枝斜升或开展。叶具长柄，叶片三角状卵形或菱状卵形，基部楔形，边缘具不整齐的波状牙齿，或稍呈缺刻状，稀近全缘。花黄绿色，每8~15朵花或更多聚成团伞花簇，多数花簇排成腋生或顶生的圆锥花展花被片5。胞果全包于花被内或顶端稍露，果皮薄，初被小泡状突起，后期小泡脱落变成皱纹，和种子紧贴；种子横生；胚环形（见图11-15）。

生境：田间、路旁、荒地、居民点附近和河岸低湿地。

分布：全区各州。

经济价值：中等饲用植物；养猪饲料；药用植物，全草及果实入药。

图11-15　藜

石竹科 Caryophyllaceae
蚤缀属 *Arenaria* L.
灯心草蚤缀 *Arenaria juncea* M. Bieb.

主要特征：多年生旱生草本。高20~50厘米。主根圆柱形，顶端多头，由此丛生茎与叶簇。茎直立，多数，丛生，基部包被多数褐黄色老叶残余物。基生叶狭条形，如丝状。二歧聚伞花序顶生；苞片边缘宽膜质，密被腺毛；花瓣白色；雄蕊2轮，每轮5，外轮雄蕊基部增宽且具腺体；花柱3条。蒴果卵形。种子被小瘤状突起（见图11-16）。

生境：石质山坡、平坦草原。

分布：兴安北部、兴安南部、岭东、岭西、呼锡高原、赤峰丘陵、燕山北部、阴山等州。

经济价值：药用植物，根入药。

图11-16　灯心草蚤缀

石竹属 *Dianthus* L.
瞿麦 *Dianthus superbus* L.

主要特征：多年生中生草本，高30~50厘米。根茎横走。茎丛生，直立。叶条状披针形或条形，全缘。聚伞花序顶生；苞片4~6；萼筒圆筒形，萼齿5；花瓣5，淡紫红色，瓣片边缘细裂成流苏状，基部有须毛，爪与萼近等长。蒴果包于宿存萼内；种子边缘具翅（见图11-17）。

生境：林缘、疏林下、草甸、沟谷溪边。

分布：兴安北部、兴安南部、岭东、岭西、科尔沁、呼锡高原、燕山北部、阴山、贺兰山等州。

经济价值：药用植物，地上部分入药；观赏植物。

图11-17　瞿麦

石竹 *Dianthus chinensis* L.

主要特征：多年生旱中生草本。高20~40厘米。茎常自基部簇生，直立。叶披针状条形或条形，基部渐狭合生抱茎，全缘。花顶生，单一或2~3朵成聚伞花序；花下有苞片2~3对，长约为萼的一半；花萼圆筒形，边缘膜质，具细睫毛；花瓣瓣片平展，卵状三角形，边缘有不整齐齿裂，通常红紫色、粉红色或白色，具长爪，瓣片与爪间有斑纹与须毛；雄蕊10；花柱2条。蒴果4齿裂。种子边缘有狭翅，表面有短条状细突起（见图11-18）。

生境：山地草甸、草甸草原。

分布：兴安北部、岭东、岭西、兴安南部、燕山北部、阴山、阴南丘陵等州。

经济价值：药用植物，地上部分入药；观赏植物。

图11-18 石竹

毛茛科 Ranunculaceae
金莲花属 *Trollius* L.
金莲花 *Trollius chinensis* Bunge

主要特征：多年生湿中生草本。高40~70厘米。茎直立，单一或上部稍分枝。基生叶具长柄，柄长达20厘米；叶片轮廓近五角形，3全裂；茎生叶似基生叶，叶柄向上渐短，茎顶部者无柄，叶片向上渐小。花1~2朵，生于茎顶或分枝顶端；萼片金黄色，干时不变绿色，全缘或顶端具不整齐的小牙齿；雄蕊多数；心皮20~30。蓇葖果果喙短（见图11-19）。

生境：山地林下、林缘草甸、沟谷草甸、低湿地草甸、沼泽草甸。

分布：兴安北部、兴安南部、呼锡高原、赤峰丘陵、燕山北部、阴山等州。

经济价值：药用植物，花入药；观赏植物。

图11-19　金莲花

耧斗菜属 *Aquilegia* L.
耧斗菜 *Aquilegia viridiflora* Pall.

主要特征：多年生旱中生草本，高20~40厘米。直根粗大，黑褐色。茎直立。基生叶多数，有长柄，二回三出复叶；茎生叶少数。单歧聚伞花序；花黄绿色；花瓣瓣片先端圆状截形，距细长，直伸或稍弯；雄蕊多数，比花瓣长，伸出花外，花丝丝状，花药黄色；退化雄蕊白色膜质，条状披针形；心皮通常5，密被腺毛和柔毛，花柱细丝状，显著超出花的其他部分。蓇葖果直立，宿存花柱细长；种子三棱状，种皮密布点状皱纹（见图11-20）。

生境：石质山坡的灌丛、沟谷中。

分布：兴安北部、兴安南部、呼锡高原、赤峰丘陵、阴山、阴南丘陵、贺兰山、龙首山等州。

经济价值：药用植物，全草入药；观赏植物。

图11-20　耧斗菜

蓝堇草属 *Leptopyrum* Reichb.
蓝堇草 *Leptopyrum fumarioides*（L.）Reichb.

主要特征：一年生中生小草本。高5~30厘米。根直，细长，黄褐色。茎直立或上升，通常从基部分枝。基生叶多数，丛生，通常为二回三出复叶，具长柄：茎下部叶通常互生，具柄，叶鞘上侧具2个条形叶耳；茎上部叶对生至轮生，几乎全部加宽成鞘，叶片二至三回三出复叶。单歧聚伞花序具2至数花；苞片叶状；花梗近丝状；萼片5，淡黄色；花瓣4~5，漏斗状，与萼片互生，2唇形；雄蕊10~15，花丝丝状，花药近球形；心皮5~20。蓇葖果内含种子多数，果喙直伸；种子暗褐色，表面密被小瘤状突起（见图11-21）。

生境：田野、路边或向阳山坡。

分布：兴安北部、兴安南部、岭东、岭西、呼锡高原、赤峰丘陵、阴山、鄂尔多斯、贺兰山、龙首山等州。

经济价值：药用植物，全草入药。

图11-21　蓝堇草

唐松草属 *Thalictrum* L.
瓣蕊唐松草 *Thalictrum petaloideum* L.

主要特征：多年生旱中生草本。高20~60厘米。根茎细直，外面被多数枯叶柄纤维。茎直立。基生叶通常2~4，有柄，三至四回三出羽状复叶；茎生叶通常2~4，上部者具短柄至近无柄，叶柄两侧加宽成翼状鞘。花多数，较密集，生于茎顶呈伞房状聚伞花序；萼片4，白色；无花瓣；雄蕊多数，花丝中上部呈棍棒状，花药黄色；心皮4~13，无柄。瘦果无梗，卵状椭圆形，呈喙状（见图11-22）。

生境：草甸、草甸草原及山地沟谷中。

分布：兴安北部、兴安南部、岭东、岭西、辽河平原、科尔沁、呼锡高原、阴山等州。

经济价值：药用植物，根入药。

图11-22　瓣蕊唐松草

水葫芦苗属 *Halerpestes* E. L. Greene

碱毛茛 *Halerpestes sarmentosa*（Adams）Kom. et Aliss.

主要特征：多年生中生草本。高3~12厘米。具细长的匍匐茎，节上生根长叶。叶全部基生，具长柄，基部加宽成鞘状；叶片先端3或5浅裂，有时3中裂，基出脉3条。花葶1~4，由基部抽出或由苞腋伸出两个花梗；萼片5，淡绿色；花瓣5，黄色，基部具爪，蜜槽位于爪的上部；聚合果椭圆形或卵形；瘦果顶端具短喙（见图11-23）。

生境：低湿地草甸、轻度盐化草甸。

分布：兴安北部、兴安南部、岭西、科尔沁、呼锡高原、赤峰丘陵、阴南丘陵、东阿拉善、贺兰山等州。

经济价值：药用植物，全草入药。

图11-23　碱毛茛

毛茛属 *Ranunculus* L.

毛茛 *Ranunculus japonicus* Thunb.

主要特征：多年生湿中生草本。高15~60厘米。根茎短缩，有时地下具横走的根茎，须根发达成束状。茎直立，常在上部多分枝；基生叶丛生，具长柄；叶片轮廓五角形，3深裂至全裂，叶两面被伏毛；茎生叶少数，上部叶3全裂；苞叶条状披针形，全缘，有毛。聚伞花序，多花；萼片5，边缘膜质；花瓣5，鲜黄色，里面具蜜槽；聚合果球形。瘦果两面扁或微凸，边缘有狭边，果喙短（见图11-24）。

生境：山地林缘草甸、沟谷草甸、沼泽草甸。

分布：兴安北部、兴安南部、岭东、岭西、呼锡高原、辽河平原、科尔沁、燕山北部、赤峰丘陵、阴山、阴南丘陵等州。

经济价值：药用植物，全草入药。

图11-24　毛茛

铁线莲属 *Clematis* L.

灌木铁线莲 *Clematis fruticosa* Turcz.

主要特征：直立旱生小灌木。高达1米。茎枝具棱，紫褐色。单叶对生，具短柄；叶片薄革质，边缘疏生牙齿，下部常羽状深裂或全裂。聚伞花序顶生或腋生，具1~3花；花萼黄色，萼片4；无花瓣；雄蕊多数，花丝披针形，花药黄色；心皮多数，花柱弯曲，瘦果近卵形，紫褐色，密生柔毛，花柱羽毛状（见图11-25）。

生境：石质山坡、沟谷、干河床、山地灌丛。

分布：呼锡高原（南部）、乌兰察布、阴山、阴南丘陵、鄂尔多斯、东阿拉善、西阿拉善、贺兰山等州。

经济价值：观赏植物。

图11-25　灌木铁线莲

棉团铁线莲 *Clematis hexapetala* Pall.

主要特征：多年生中旱生草本。高40~100厘米。根茎粗壮，黑褐色。茎直立，基部有时具1对单叶或具枯叶纤维。叶对生，近革质，为一至二回羽状全裂。聚伞花序腋生或顶生，通常3朵花；苞叶条状披针形；萼片6，白色，外面密被白色棉毡毛，花蕾时棉毛更密，像棉球，开花时萼片平展，后逐渐向下反折；无花瓣；雄蕊多数，花药条形，黄色；心皮多数，密被柔毛。瘦果多数，羽毛状花柱宿存，羽毛污白色（见图11-26）。

生境：典型草原、森林草原、山坡林缘、林下、固定沙丘。

分布：兴安北部、岭东、岭西、兴安南部、呼锡高原、科尔沁、赤峰丘陵、辽河平原、燕山北部、阴山、阴南丘陵等州。

经济价值：药用植物，根入药。

图11-26　棉团铁线莲

翠雀属 *Delphinium* L.
翠雀花 *Delphinium grandiflorum* L.

主要特征：多年生旱中生草本。高20~65厘米。茎直立，全株被反曲的短柔毛。基生叶与茎下部叶具长柄，中上部叶柄较短，最上部叶近无柄；叶片轮廓圆肾形，掌状3全裂。总状花序具花3~15朵，花梗上部具2枚条形或钻形小苞片；萼片5，蓝色、紫蓝色或粉紫色，上萼片向后伸长成中空的距；花瓣2，白色，基部有距，伸入萼距中；退化雄蕊2，瓣片蓝色，里面中部有一小撮黄色髯毛及鸡冠状突起；雄蕊多数，花丝下部加宽，花药深蓝色及紫黑色。蓇葖果密被短毛，具宿存花柱；种子多数，四面体形，具膜质翅（见图11–27）。

生境：草甸草原、沙质草原、山地林缘及灌丛。

分布：兴安北部、兴安南部、岭东、岭西、呼锡高原、科尔沁、辽河平原、赤峰丘陵、燕山北部、阴山、阴南丘陵等州。

经济价值：药用植物，全草入药；观赏植物。

图11–27　翠雀花

罂粟科 Papaveraceae
白屈菜属 *Chelidonium* L.
白屈菜 *Chelidonium majus* L.

主要特征：多年生中生草本。高30~50厘米。主根粗壮，具多数侧根。茎直立，多分枝。叶单数羽状全裂，侧裂片1~6对，边缘具不整齐的羽状浅裂和钝圆齿。伞形花序顶生和腋生；萼片2，早落；花瓣4，黄色，先端圆形或微凹；雄蕊多数；子房圆柱形，花柱短，柱头头状，先端2浅裂。蒴果条状圆柱形，种子间稍收缩，种子多数，表面有光泽和网纹（见图11-28）。

生境：山地林缘、林下、沟谷溪边。

分布：兴安北部、兴安南部、岭西、辽河平原、阴山等州。

经济价值：药用植物，全草入药。

图11-28 白屈菜

罂粟属 *Papaver* L.

野罂粟 *Papaver nudicaule* L.

主要特征：多年生旱中生草本。主根木质化，黑褐色。叶全部基生，叶片羽状深裂或近二回羽状深裂；叶柄两侧具狭翅，被刚毛或长硬毛。花葶1至多条，高10~60厘米，被刚毛状硬毛；花蕾常下垂；花黄色、橙黄色、淡黄色；萼片2，被硬毛；花瓣外2片较大，内2片较小，边缘具细圆齿；花丝细丝状，淡黄色。蒴果被刚毛，宿存盘状柱头常6辐射状裂片。种子多数为肾形（见图11-29）。

生境：山地林缘、草甸、草原、固定沙丘。

分布：兴安北部、兴安南部、岭东、岭西、科尔沁、赤峰丘陵、呼锡高原、燕山北部、阴南丘陵、阴山等州。

经济价值：药用植物，果实入药；观赏植物。

图11-29 野罂粟

角茴香属 *Hypecoum* L.
角茴香 *Hypecoum erectum* L.

主要特征：一年生中生低矮草本，高10~30厘米。全株被白粉，基生叶呈莲座状，二至三回羽状全裂，一回全裂片2~6对，二回全裂片1~4对。花葶1至多条，直立或斜升。苞片叶状细裂；花淡黄色；萼片2，边缘膜质；花瓣4，外面2瓣较大，内面2瓣较小；雄蕊4，花丝下半部有狭翅；雌蕊1，子房长圆柱形，柱头2深裂，胚珠多数。蒴果条形（见图11-30）。

生境：砾石质坡地、沙质地、盐化草甸。

分布：呼锡高原、乌兰察布、阴南丘陵、鄂尔多斯、东阿拉善等州。

经济价值：药用植物，根及全草入药。

图11-30 角茴香

十字花科 Cruciferae
荠属 *Capsella* Medik.
荠 *Capsella bursa-pastoris*（L.）Madik.

主要特征：一或二年生中生草本。高10~50厘米。茎直立，有分枝，稍有单毛及星状毛。基生叶具长柄，大头羽裂、不整齐羽裂或不分裂；茎生叶无柄，披针形，基部箭形且抱茎，全缘或具疏细齿，两面被星状毛并混生单毛。总状花序生枝顶，花后伸长；萼片具膜质边缘；花瓣白色，具短爪。短角果倒三角形，先端微凹，有极短的宿存花柱。种子2行，长椭圆形，黄棕色（见图11-31）。

生境：田边、村舍附近或路旁。

分布：兴安北部、兴安南部、岭西、岭东、辽河平原、科尔沁、燕山北部、阴山、阴南丘陵等州。

经济价值：药用植物，全草及根入药；嫩枝可作野菜。

图11-31　荠

播娘蒿属 *Descurainia* Webb et Berth.

播娘蒿 *Descurainia sophia*（L.）Webb ex Prantl

主要特征：一或二年生中生草本。全株呈灰白色，高20~80厘米。茎直立，上部分枝。叶轮廓为矩圆形或矩圆状披针形，二至三回羽状全裂或深裂；茎下部叶有叶柄，向上叶柄逐渐缩短或近于无柄。总状花序顶生，具多数花；萼片边缘膜质，背面有分枝细柔毛；花瓣黄色，匙形。长角果狭条形，直立或稍弯曲，淡黄绿色，顶端无花柱，柱头压扁头状。种子1行，黄棕色，表面有细网纹，子叶背倚（见图11-32）。

生境：山地草甸、沟谷、村旁、田边。

分布：兴安北部、岭东、岭西、呼锡高原、燕山北部、科尔沁、赤峰丘陵、阴山等州。

经济价值：药用植物，种子入药。

图11-32　播娘蒿

花旗杆属 *Dontostemon* Andrz. ex C.

全缘叶花旗杆 *Dontostemon integrifolius*（L.）C. A. Mey.

主要特征：一或二年生中生草本。高5~25厘米，全株密被深紫色头状腺体、硬单毛和卷曲柔毛。茎直立，多分枝。叶狭条形，全缘。总状花序顶生和侧生，果期延长；萼片矩圆形，边缘膜质；花瓣淡紫色，近匙形，顶端微凹。长角果狭条形，被深紫色腺体，宿存花柱极短，柱头稍膨大；种子扁椭圆形，长约1毫米（见图11-33）。

生境：沙地、沙丘。

分布：呼锡高原（西南）、岭西、兴安南部、阴山、阴南丘陵等州。

经济价值：观赏植物。

图11-33　全缘叶花旗杆

沙芥属 *Pugionium* Gaertn.

沙芥 *Pugionium cornutum*（L.）Gaertn.

主要特征：二年生沙生草本。高70~150厘米。根圆柱形，肉质。主茎直立，分枝极多。基生叶莲座状，肉质，具长柄，羽状全裂，具3~6对裂片；茎生叶羽状全裂，较小，裂片较少。总状花序顶生或腋生，组成圆锥状花序；花瓣白色或淡玫瑰色，侧蜜腺环状，黄色，包围短雄蕊的基部。短角果翅短剑状，上举；果核表面有刺状突起（见图11-34）。

生境：半固定与流动沙地。

分布：科尔沁、呼锡高原、赤峰丘陵、鄂尔多斯、阴南丘陵、东阿拉善等州。

经济价值：药用植物，全草及根入药；野菜植物。

图11-34 沙芥

独行菜属 *Lepidium* L.

独行菜 *Lepidium apetalum* Willd.

主要特征：一或二年生旱中生草本。高5~30厘米。茎直立或斜升，多分枝。基生叶莲座状，平铺地面，羽状浅裂或深裂；茎生叶狭披针形至条形，有疏齿或全缘。总状花序顶生，果后延伸；花小，不明亮；花梗丝状，被棒状毛；萼片舟状，具膜质边缘；花瓣极小，有时退化成丝状或无花瓣；雄蕊2（稀4），位于子房两侧，伸出萼片外，短角果扁平，近圆形，顶端微凹。种子近椭圆形，子叶背倚（见图11-35）。

生境：村边、路旁、田间撂荒地、山地、沟谷。

分布：全区各州。

经济价值：药用植物，全草及种子入药。

图11-35 独行菜

糖芥属 *Erysimum* L.
糖芥 *Erysimum amurense* Kitag.

主要特征：多年生旱中生草本，较少为一或二年生草本。高20~50厘米。茎直立，全株伏生二叉状丁字毛。叶条状披针形或条形，全缘或疏生微牙齿。总状花序顶生；外萼片披针形，基部囊状，内萼片条形，顶部兜状，背面伏生丁字毛；花瓣橙黄色，瓣片倒卵形或近圆形，瓣爪细长，长角果略呈四棱形，果瓣中央有1突起的中肋，内有种子1行，顶端宿存花柱长1~2毫米，柱头2裂。种子矩圆形，子叶背倚（见图11-36）。

生境：山坡林缘、草甸、沟谷。

分布：赤峰丘陵、呼锡高原、燕山北部、阴山等州。

经济价值：药用植物，全草入药；观赏植物。

图11-36　糖芥

景天科 Crassulaceae
瓦松属 *Orostachys* Fisch.
钝叶瓦松 *Orostachys malacophylla*（Pall.）Fisch.

主要特征：二年生旱生肉质草本植物。高10~30厘米。第一年仅有莲座状叶，第二年抽出花茎。茎生叶互生，无柄，两面有紫红色斑点。花序圆柱状总状。花紧密，无梗或有短梗；萼片5，锐尖；花瓣5，白色或淡绿色，上部边缘常有齿缺，基部合生；雄蕊10，较花瓣稍长，花药黄色；鳞片5，条状长方形；心皮5。蓇葖果卵形（见图11-37）。

生境：山地、丘陵的砾石质坡地及平原的沙质地。

分布：兴安北部、岭西、岭东、呼锡高原、兴安南部、燕山北部、赤峰丘陵、阴山等州。

经济价值：药用植物，全草入药；优等饲用植物。

图11-37 钝叶瓦松

狼爪瓦松 *Orostachys cartilaginea* A. Bor.

主要特征：二年生肉质旱生草本植物。高10~20厘米。全株粉白色，密布紫红色斑点。第一年生莲座状叶，先端有1半圆形白色的软骨质附属物，第二年抽出花茎。茎生叶互生，无柄，有白色软骨质刺尖。圆柱状总状花序，常在1花梗上着生数花；萼片5，淡绿色；花瓣5，白色，基部合生；雄蕊10，花药暗红色；鳞片5，近四方形；心皮5。蓇葖果矩圆形；种子多数（见图11-38）。

生境：石质山坡。

分布：兴安北部、兴安南部、科尔沁、呼锡高原等州。

经济价值：药用植物，全草入药。

图11-38 狼爪瓦松

费菜属 *Phedimus* Rafin.
费菜 *Phedimus aizoon*（L.）' t Hart.

主要特征：多年生旱中生草本。高20~50厘米。全体无毛。根状茎短而粗。具1~3条茎，不分枝。叶互生，边缘有不整齐的锯齿，几无柄。聚伞花序顶生，分枝平展，多花。花近无梗，萼片5，条形，肉质，不等长；花瓣5，黄色；雄蕊10；鳞片5；心皮5，基部合生，腹面有囊状突起。蓇葖呈星芒状排列，有直喙（见图11-39）。

生境：山地疏林、灌丛、林间草甸及草甸草原。

分布：兴安北部、岭西、岭东、兴安南部、辽河平原、科尔沁、燕山北部、呼锡高原、阴南丘陵等州。

经济价值：药用植物，根及全草入药；观赏植物。

图11-39 费菜

乳毛费菜 *Phedimus aizoon*（L.）' t Hart. var. *scabrus*（Maxim.）H. Ohba et al.

主要特征：与费菜特征相似，区别是叶狭，先端钝。植株被乳头状微毛（见图11-40）。

生境：山坡草地。

分布：呼锡高原、兴安南部、阴山、阴南丘陵、贺兰山等州。

经济价值：药用植物，根及全草入药；观赏植物。

图11-40 乳毛费菜

虎耳草科 Saxifragaceae
山梅花属 *Philadelphus* L.
堇叶山梅花 *Philadelphus tenuifolius* Rupr. ex Maxim.

主要特征：中生灌木。高1.5~2米。当年生枝紫褐色，剥裂。叶卵形、披针状卵形或披针形，边缘疏生小牙齿，掌状三出脉。总状花序有花5~9朵，花序梗与花梗被柔毛或无毛；花乳白色，微芳香；萼裂片卵状三角形，花瓣卵圆形，雄蕊多数，子房下位，花柱线形，无毛，上部4裂。蒴果倒圆锥形，4瓣裂，种子细纺锤形，淡褐色（见图11-41）。

生境：山坡林缘、灌木林中。

分布：燕山北部、阴山等州。

经济价值：观赏植物。

图11-41 堇叶山梅花

蔷薇科 Rosaceae
绣线菊属 *Spiraea* L.
土庄绣线菊 *Spiraea pubescens* Turcz.

主要特征：中生灌木，高1~2米。叶菱状卵形或椭圆形，先端锐尖，基部楔形、宽楔形，边缘中下部以上有锯齿，有时3裂，上面绿色，幼时被柔毛，下面淡绿色，密被柔毛。伞形花序具总花梗，有花15~20朵；花直径5~7毫米；花瓣白色；雄蕊25~30，与花瓣等长或稍超出花瓣；花盘环状，10深裂，裂片大小不等。蓇葖果沿腹缝线被柔毛，萼片直立，宿存（见图11-42）。

生境：山地林缘及灌丛、沙地。

分布：兴安北部、兴安南部、呼锡高啄、辽河平原、燕山北部、阴山、阴南丘陵等州。

经济价值：观赏植物。

图11-42　土庄绣线菊

山楂属 *Crataegus* L.
辽宁山楂 *Crataegus sanguinea* Pall.

主要特征：中生落叶阔叶小乔木。高2~4米。枝刺锥形。叶宽卵形、菱状卵形、先端锐尖或渐尖，基部楔形、宽楔形或截形，边缘有2~3（4）对羽状浅裂，有时基部一对裂片较浅，有重锯齿或锯齿，托叶边缘有腺齿。伞房花序，有花4~13朵；萼片宿存，花瓣白色，雄蕊20，花丝长短不齐，长者与花瓣近等长，花柱2~5，子房顶端有毛。果实近球形或宽卵形，血红色或橘红色（见图11-43）。

生境：阴坡、半阴坡或河谷。

分布：兴安北部及南部、岭西、呼锡高原、燕山北部、阴山等州。

经济价值：野果植物。

图11-43 辽宁山楂

蔷薇属 *Rosa* L.
美蔷薇 *Rosa bella* Rehd. et E. H. Wils.

主要特征：中生灌木。高1~3米。茎直立，小枝常带紫色，生稀疏直伸的皮刺。单数羽状复叶，有小叶7~9，稀5；小叶边缘有圆齿状锯齿，齿尖有短小尖头。花单生或2~3朵簇生，花梗、萼筒与萼片密被腺毛，萼片披针形，先端长尾尖，并稍宽大呈叶状，全缘；花瓣粉红色或紫红色，先端微凹，芳香。蔷薇果椭圆形或矩圆形，鲜红色，先端收缩成颈部，并有直立的宿存萼片，密被腺状刚毛（见图11-44）。

生境：山地林缘、沟谷、陡崖。

分布：阴山、阴南丘陵等州。

经济价值：观赏植物；芳香植物；药用植物，花、果入药。

图11-44 美蔷薇

山刺枚 *Rosa davurica* Pall.

主要特征：落叶中生灌木。高1~2米，多分枝。枝通常暗紫色，无毛，在叶柄基部有向下弯曲的成对的皮刺。单数羽状复叶，小叶5~7（9），小叶边缘有细锐锯齿，近基部全缘；叶柄和叶轴被短柔毛、腺点和小皮刺；托叶大部分和叶柄合生，被短柔毛和腺点。花常单生，有时数朵簇生。花瓣紫红色，先端微凹。蔷薇果近球形或卵形，红色，平滑无毛，顶端有直立宿存的萼片（见图11-45）。

生境：山地，生于林下、林缘及石质山坡、河岸沙质。

分布：兴安北部和南部、呼锡高原、岭西、辽河平原、科尔沁、赤峰丘陵、燕山北部、阴山、阴南丘陵、贺兰山等州。

经济价值：观赏植物；芳香植物；药用植物，花、果入药。

图11-45 山刺枚

水杨梅属 *Geum* L.

水杨梅 *Geum aleppicum* Jacq.

主要特征：多年生中生草本。高20~70厘米。根状茎粗短，着生多数须根。茎直立，上部分枝。基生叶为不整齐的单数羽状复叶，有小叶7~13；顶生小叶大，常5~8深裂，侧生小叶较小，无柄，小叶间常夹生小裂片；叶柄被开展的长硬毛及腺毛；茎生叶与基生叶相似，叶柄短，有小叶3~5。花常8朵成伞房状排列；副萼片条状披针形；萼片三角状卵形，花后反折；花瓣黄色；子房密生长毛，花柱于顶端弯曲。瘦果顶端有由花柱形成的钩状长喙（见图11-46）。

生境：林缘草甸、河滩沼泽草甸、河边。

分布：兴安北部、兴安南部、岭东、岭西、燕山北部、辽河平原、阴山等州。

经济价值：药用植物，全草入药。

图11-46 水杨梅

龙牙草属 *Agrimonia* L.
龙牙草 *Agrimonia pilosa* Ledeb.

主要特征：多年生中生草本。高30~60厘米。根茎横走地下。茎单生或丛生，直立。不整齐单数羽状复叶，具小叶（3）5~7（9），小叶间夹有小裂片；小叶近无柄，边缘常在1/3以上部分有粗圆齿状锯齿或缺刻状锯齿，顶生小叶常较下部小叶大。总状花序顶生；苞片条状3裂；萼筒倒圆锥形，被柔毛，顶部有钩状刺毛，花瓣黄色；雄蕊约10；雌蕊1，子房包在萼筒内；花柱2条，伸出萼筒。瘦果椭圆形，果皮薄，包在宿存萼筒内，萼筒顶端有1圈钩状刺（见图11-47）。

生境：林草甸、低湿地草甸、河边、路旁。

分布：安北部、兴安南部、岭西、燕山北部、呼锡高原、辽河平原、阴山等州。

经济价值：药用植物，全草入药。

图11-47 龙牙草

金露梅属 *Pentaphylloides* Ducham.

金露梅 *Pentaphylloides fruticosa*（L.）O. Schwarz

主要特征：中生灌木。高50~130厘米。茎多分枝。单数羽状复叶，小叶5，少8，全缘，边缘反卷；托叶膜质，基部和叶枕合生。花单生叶腋或数朵成伞状花序；花梗与花萼均被绢毛；副萼片条状披针形，果期萼片增大；花瓣黄色；子房密被绢毛；花柱侧生；花托扁球形，密生绢状柔毛。瘦果密被绢毛，褐棕色（见图11-48）。

生境：山地、林下、河谷沼泽灌丛中。

分布：兴安北部、兴安南部、科尔沁、燕山北部、呼锡高原、阴山、贺兰山等州。

经济价值：药用植物，花、叶入药；观赏植物；中等饲用植物。

图11-48　金露梅

银露梅 *Pentaphylloides glabra*（Lodd.）Y. Z. Zhao

主要特征：中生灌木。高30~100厘米，多分枝。单数羽状复叶，上面一对小叶基部常下延与叶轴汇合，小叶全缘，边缘向下反卷；托叶膜质，淡黄棕色，基部与叶枕合生，抱茎。花常单生叶腋或数朵成伞房花序状，萼筒钟状，外疏生柔毛，副萼片条状披针形，花瓣白色，全缘，花柱侧生，无毛，柱头头状，子房密破长柔毛（见图11-49）。

生境：海拔较高的山地灌丛中。

分布：兴安北部、兴安南部、燕山北部、阴山等州。

经济价值：药用植物，花、叶入药；观赏植物。

图11-49　银露梅

委陵菜属 *Potentilla* L.

二裂委陵菜 *Potentilla bifurca* L.

主要特征：多年生旱生草本。高5~20厘米。茎直立或斜升，自基部分枝，全株被稀疏或稠密的伏柔毛。根状茎木质化，纵横地下。单数羽状复叶，小叶4~7对，部分小叶先端2裂，顶生小叶常3裂，两面有疏或密的伏柔毛；托叶膜质或草质。聚伞花序生于茎顶部。花萼被柔毛；花瓣宽卵形或近圆形；子房近椭圆形，无毛，花柱侧生，棍棒状，柱头膨大，头状，花托有密柔毛。瘦果褐色（见图11–50）。

生境：草原化草甸、轻度盐化草甸、山地灌丛、林缘、农田、路边等。

分布：全区各州。

经济价值：药用植物，幼枝入药；中等饲用植物。

图11–50　二裂委陵菜

星毛委陵菜 *Potentilla acaulis* L.

主要特征：多年生旱生草本。高2~10厘米，全株被白色星状毡毛，呈灰绿色。根状茎木质化，横走，棕褐色。茎自基部分枝，纤细，斜倚。掌状三出复叶，小叶两面均密被星状毛与毡毛，灰绿色；托叶草质，与叶柄合生，顶端2~3条裂，基部抱茎。聚伞花序，有花2~5朵；花萼外面被星状毛与毡毛，副萼片条形；花瓣黄色；花托密被长柔毛，子房，花柱近顶生。瘦果近椭圆形（见图11–51）。

生境：沙质草原、砾石质草原及放牧退化草原。

分布：呼锡高原、阴山、乌兰察布、贺兰山等州。

经济价值：中等饲用植物。

图11-51 星毛委陵菜

菊叶委陵菜 *Potentilla tanacetifolia* Willd. ex Schlecht.

主要特征：多年生中旱生草本。高10~45厘米。直根木质化，黑褐色；根状茎短缩，多头，包被老叶柄和托叶残余。茎自基部丛升、斜升、斜倚或直立，茎、叶柄、花梗被长柔毛、短柔毛或曲柔毛，茎上部分枝。单数羽状复叶，基生叶与茎下部叶有小叶11~17，顶生小叶最大，侧生小叶向下逐渐变小，顶生3小叶基部常下延与叶柄汇合，茎上部叶与下部叶同形但较小，小叶数较少；托叶草质，卵状披针形，全缘或2~3裂。伞房状聚伞花序，花多数；花瓣黄色，先端微凹，花柱顶生，花托被柔毛。瘦果褐色，卵形，微皱（见图11-52）。

生境：典型草原、草甸草原。

分布：兴安北部、兴安南部、岭东、岭西、辽河平原、呼锡高原、阴山、鄂尔多斯，阴南丘陵等州。

经济价值：药用植物，全草入药；中等饲用植物。

图11-52 菊叶委陵菜

杏属 *Armeniaca* Mill.
西伯利亚杏 *Armeniaca sibirica*（L.）Lam.

主要特征：旱生小乔木或灌木。高1~2（4）米。小枝灰褐色或淡红褐色。单叶互生，叶片边缘有细钝锯齿。花单生，近无梗，萼筒钟状；花瓣白色或粉红色；雄蕊多数，长短不一；子房被短柔毛，花柱顶生。核果近球形，黄色而带红晕，果肉较薄而干燥，离核，成熟时开裂，核扁球形，腹棱增厚有纵沟，沟的边缘形成2条平行的锐棱，背棱翅状突出，边缘极锐利如刀刃状（见图11–53）。

生境：石质向阳山坡、森林草原、沙地。

分布：兴安北部、兴安南部、岭东、岭西、辽河平原、燕山北部、阴山等州。

经济价值：药用植物，杏仁入药。

图11–53　西伯利亚杏

稠李属 *Padus* Mill.
稠李 *Padus avium* Mill.

主要特征：中生小乔木。高5~8米。树皮黑褐色；腋芽单生。单叶互生，叶片椭圆形，宽卵形或倒卵形，边缘有尖锐细锯齿。总状花序疏松下垂，花梗纤细；萼筒杯状，花瓣白色，雄蕊多数；花柱顶生。子房椭圆形，无毛。核果近球形，黑色，无毛；果核宽卵形，表面有弯曲沟槽（见图11–54）。

生境：山地森林、河溪两岸、山麓洪积扇、沙地。

分布：兴安北部、兴安南部、岭西、辽河平原、呼锡高原、阴山等州。

经济价值：野果植物；油料植物。

图11-54 稠李

豆科 **Leguminosae**

黄华属 ***Thermopsis* R. Br.**

披针叶黄华 ***Thermopsis lanceolata* R. Br.**

主要特征：多年生旱生草本植物。高10~30厘米。掌状三出复叶，具小叶3，小叶矩圆状椭圆形或倒披针形。总状花序顶生，花于花序轴每节3~7朵轮生，花冠黄色，旗瓣近圆形，翼瓣与龙骨瓣比旗瓣短。荚果条形，扁平（见图11-55）。

生境：草甸草原、草甸、盐化草甸、沙质地或石质山坡。

分布：全区各州。

经济价值：药用植物，全草入药。

图11-55 披针叶黄华

甘草属 *Glycyrrhiza* L.

甘草 *Glycyrrhiza uralensis* Fisch. ex DC.

主要特征：多年生中旱生草本。高30~70厘米。主根圆柱形，粗而长，可达1~2米或更长。具粗壮的根茎。茎直立，密被白色短毛及鳞片状、点状或小刺状腺体。单数羽状复叶，具小叶7~17。总状花序腋生，花密集；花淡蓝紫色或紫红色。荚果条状矩圆形、镰刀形或弯曲成环状，密被短毛及褐色刺状腺体（见图11-56）。

生境：碱化沙地、沙质草原、具沙质土的田边、路旁、低地边缘及河岸轻度碱化的草甸。

分布：全区各州。

经济价值：药用植物，根入药；中等饲用植物。

图11-56　甘草

棘豆属 *Oxytropis* DC.

刺叶柄棘豆 *Oxytropis aciphylla* Ledeb.

主要特征：旱生垫状矮小半灌木。高10~15厘米。根粗壮。茎多分枝，全体呈球状株丛。叶轴宿存，木质化，呈硬刺状；双数羽状复叶，小叶对生，有小叶4~6，条形，先端有刺尖，两面密生银灰色平伏柔毛，边缘常内卷。总状花序腋生，具花1~2朵；花萼筒状，花后稍膨胀，密生长柔毛；花冠蓝紫色，红紫色以至白色；旗瓣倒卵形，龙骨瓣顶端喙长1~1.5毫米。荚果矩圆形，硬革质，密生白色平伏柔毛（见图11-57）。

生境：砾石质平原、薄层覆沙地以及丘陵坡地。

分布：呼锡高原、乌兰察布、阴南丘陵、鄂尔多斯、东阿拉善、西阿拉善等州。

经济价值：中等饲用植物。

图11-57 刺叶柄棘豆

多叶棘豆 *Oxytropis myriophylla*（Pall.）DC.

主要特征：多年生中旱生草本。高20~30厘米。无地上茎或茎极短缩。叶为具轮生小叶的复叶，通常可达25~32轮，每轮有小叶（4）6~8（10）枚，小叶片条状披针形，两面密生长柔毛。总状花序具花10余朵，花淡红紫色，旗瓣矩圆形，翼瓣稍短于旗瓣，龙骨瓣短于翼瓣，顶端具长2~3毫米的喙；子房被毛。荚果先端具长而尖的喙（见图11-58）。

生境：丘陵顶部、山地砾石性土壤或沙质土壤。

分布：兴安北部、岭东、燕山北部、辽河平原、科尔沁、兴安南部、岭西、呼锡高原、赤峰丘陵、阴山、阴南丘陵等州。

经济价值：药用植物，全草入药。

图11-58 多叶棘豆

砂珍棘豆 *Oxytropis racemosa* Turcz.

主要特征：多年生旱生草本。高5~15厘米。根圆柱形，黄褐色。茎短缩或几乎无地上茎。叶为具轮生小叶的复叶，叶轴细弱，密生长柔毛，每叶约有6~12轮，每轮有4~6小叶，均密被长柔毛，小叶条形、披针形或条状矩圆形，边缘常内卷。总状花序近头状，生于总花梗顶端，花较小，粉红色或带紫色；龙骨瓣顶端具长约1毫米余的喙。荚果宽卵形，膨胀，顶端具短喙，表面密被短柔毛（见图11-59）。

生境：沙丘、河岸沙地及沙质坡地。

分布：岭西、呼锡高原、辽河平原、科尔沁、兴安南部、乌兰察布、阴山、阴南丘陵、鄂尔多斯等州。

经济价值：药用植物，全草入药。

图11-59　砂珍棘豆

黄芪属 *Astragalus* L.

草木樨状黄芪 *Astragalus melilotoides* Pall.

主要特征：多年生中旱生草本。高30~100厘米。茎多数由基部丛生，直立或稍斜升，多分枝。单数羽状复叶，具小叶3~7；小叶矩圆形或条状矩圆形，全缘，两面疏生白色短柔毛。总状花序腋生。花小，粉红色或白色，多数，疏生；翼瓣顶端呈不均等的2裂。荚果近圆形或椭圆形，顶端微凹，具短喙（见图11-60）。

生境：典型草原、森林草原的沙质及轻壤质土壤。

分布：兴安北部、岭东、燕山北部、兴安南部、辽河平原、岭西、呼锡高原、赤峰丘陵、阴山、阴南丘陵等州。

经济价值：药用植物，全草入药；良等饲用植物。

图11-60　草木樨状黄芪

锦鸡儿属 *Caragana* Fabr.
小叶锦鸡儿 *Caragana microphylla* Lam.

主要特征：旱生灌木。高40~70厘米，最高可达1米。树皮灰黄色或黄白色，小枝黄白色至黄褐色。长枝上的托叶宿存硬化成针刺状。小叶10~20，羽状排列，倒卵形或倒卵状矩圆形，近革质。花单生，密被绢状短柔毛，近中部有关节，花萼钟形或筒状钟形，基部偏斜；花冠黄色。荚果圆筒形，深红褐色（见图11-61）。

生境：沙砾质、沙壤质或轻壤质土壤。

分布：呼锡高原、兴安南部、科尔沁、辽河平原、赤峰丘陵、乌兰察布、阴南丘陵等州。

经济价值：良好饲用植物；药用植物，全草、根、花、种子入药。

图11-61　小叶锦鸡儿

柠条锦鸡儿 *Caragana korshinskii* Kom.

主要特征：旱生灌木，高1.5~3米。树皮金黄色，有光泽。长枝上的托叶宿存并硬化成针刺状，叶轴长3~5厘米，小叶12~16，羽状排列。花单生；花冠黄色，旗瓣宽卵形，翼瓣爪长为瓣片的1/2。荚果披针形或矩圆状披针形，略扁（见图11-62）。

生境：荒漠、荒漠草原地带的流动沙丘及半固定沙地。

分布：鄂尔多斯、东阿拉善、西阿拉善等州。

经济价值：中等饲用植物。

图11-62 柠条锦鸡儿

野豌豆属 *Vicia* L.

歪头菜 *Vicia unijuga* A. Br.

主要特征：多年生中生草本。高40~100厘米。茎直立，常数茎丛生。叶为双数羽状复叶，具小叶2；叶轴末端成刺状；托叶半边箭头形；小叶卵形或椭圆形，有时为卵状披针形、长卵形、近菱形等。总状花序，腋生或顶生。具花15~25朵；总花梗疏生柔毛；花蓝紫色或淡紫色。荚果扁平，矩圆形，两端尖，含种子1~5颗（见图11-63）。

生境：山地林下、林缘草甸、山地灌丛和草甸草原。

分布：兴安北部、科尔沁、兴安南部、岭西、呼锡高原、阴山、阴南丘陵、鄂尔多斯等州。

经济价值：药用植物，全草入药；优等饲用植物。

图11-63 歪头菜

车轴草属 *Trifolium* L.

野火球 *Trifolium lupinaster* L.

主要特征：多年生中生草本。高15~30厘米，通常数茎丛生。茎直立或斜升，多分枝。掌状复叶，通常具小叶5，稀为3~7，托叶膜质鞘状，紧贴生于叶柄上，抱茎。花序呈头状，顶生或腋生，花多数，红紫色或淡红色；花萼钟状：萼齿锥形，长于萼筒，均有柔毛；旗瓣椭圆形，龙骨瓣比翼瓣稍短，顶端常有1小突起；柱头头状。荚果条状矩圆形，含种子1~3颗（见图11-64）。

生境：草甸草原、山地灌丛及沼泽化草甸。

分布：兴安北部、岭东、科尔沁、兴安南部、岭西、呼锡高原、阴山等州。

经济价值：药用植物，全草入药；优等饲用植物。

图11-64　野火球

扁蓿豆属 *Melilotoides* Heist. ex Fabr.

扁蓿豆 *Melilotoides ruthenica*（L.）Sojak

主要特征：多年生中旱生草本。高20~60厘米。茎斜升。近平卧或直立，多分枝，茎、枝常四棱形。叶为羽状三出复叶；小叶先端有小尖头，边缘常在中上部有锯齿，有时中下部亦具锯齿。总状花序，腋生，稀疏，具花（3）4~10（12）朵；花黄色，带深紫色，花萼钟状，密被伏毛；旗瓣顶端微凹，翼瓣基部具爪和耳；子房条形，有柄。荚果扁平，网纹明显，先端有短喙，含种子2~4颗（见图11-65）。

生境：丘陵坡地、沙质地、路旁、草地等处。

分布：科尔沁、兴安南部、岭西、呼锡高原、乌兰察布、鄂尔多斯、东阿拉善、贺兰山等州。

经济价值：优等饲用植物。

图11-65 扁蓿豆

胡枝子属 *Lespedeza* Michx.
胡枝子 *Lespedeza bicolor* Turcz.

主要特征：中生灌木。高达1米余。茎直立。羽状三出复叶，互生；托叶2，条形；顶生小叶较大，微凹，具短刺尖，侧生小叶较小，具短柄。总状花序腋生，全部成为顶生圆锥花序；花萼杯状，紫褐色，被白色平伏柔毛，花冠紫色，旗瓣倒卵形，顶端圆形或微凹，基部有短爪，翼瓣顶端钝，有爪和短耳；子房条形，有毛。荚果卵形，两面微凸，网脉明显，疏或密被柔毛（见图11-66）。

生境：山地阴坡、山地林下或灌丛中。

分布：兴安北部、岭东、兴安南部、科尔沁、辽河平原、呼锡高原、燕山北部、乌兰察布、阴山、阴南丘陵、鄂尔多斯等州。

经济价值：药用植物，全草入药；中等饲用植物。

图11-66 胡枝子

牻牛儿苗科 Geraniaceae
老鹳草属 *Geranium* L.
草地老鹳草 *Geranium pratense* L.

主要特征：多年生中生草本。高20~70厘米。根状茎短，被棕色鳞状托叶，具多数肉质粗根。茎直立，下部被倒生伏毛及柔毛，上部混生腺毛。叶对生，肾状圆形，掌状7~9深裂，顶部叶常3~5深裂。花序生于小枝顶端，通常生2花，果期弯曲；萼片顶端具短芒，密被短毛及腺毛；花瓣蓝紫色；花丝基部扩大部分具长毛。蒴果具短柔毛及腺毛；种子浅褐色（见图11-67）。

生境：林缘、林下、灌丛间、山坡草甸及河边湿地。

分布：兴安北部、岭西、呼锡高原、兴安南部、科尔沁，辽河平原、阴山、阴南丘陵、鄂尔多斯等州。

经济价值：观赏植物。

图11-67 草地老鹳草

堇菜科 Violaceae
堇菜属 *Viola* L.
早开堇菜 *Viola prionantha* Bunge

主要特征：多年生中生草本。无地上茎，花期高4~10厘米，果期可达15厘米。根细长或稍粗，黄白色，通常向下伸展，有时近横生。托叶淡绿色至苍向色，1/2~2/3与叶柄合生，叶柄有翅。叶通常多数，叶片边缘具钝锯齿。萼片基部附属器长约1~2毫米；花瓣紫堇色或淡紫色，上瓣倒卵形，侧瓣矩圆状倒卵形，下瓣中下部为白色瓣具紫色脉纹，瓣距末端较粗，微向上弯；花柱棍棒状。蒴果椭圆形至矩圆形（见图11-68）。

生境：山坡、草地、荒地、路旁、沟边、庭园、林缘等。

分布：兴安北部、岭东、岭西、呼锡高原、兴安南部、科尔沁、燕山北部、赤峰丘陵、阴山、阴南丘陵、鄂尔多斯等州。

经济价值：药用植物，全草入药。

图11-68　早开堇菜

瑞香科 **Thymelaeaceae**

狼毒属 ***Stellera* L.**

狼毒 ***Stellera chamaejasme* L.**

主要特征：多年生旱生草本。高20~50厘米。根粗大，木质，外包棕褐色。茎丛生，直立，不分枝，光滑无毛。叶较密生，椭圆状披针形。顶生头状花序，花萼筒细瘦，下部常为紫色，具明显纵纹，顶端5裂，雄蕊10，2轮，着生于萼喉部与萼筒中部，花丝极短；子房椭圆形，1室，上部密被淡黄色细毛，花柱极短；子房基部一侧有长约1毫米矩圆形蜜腺。小坚果卵形，棕色，果皮膜质，为花萼管基部所包藏（见图11-69）。

生境：草原、荒漠草原。

分布：全区各州（除西部荒漠区外）。

经济价值：药用植物，根入药。

图11-69　狼毒

胡颓子科 Elaeagnaceae

沙棘属 *Hippophae* L.

中国沙棘 *Hippophae rhamnoides* L. subsp. *sinensis* Rousi

主要特征：旱中生灌木或乔木。通常高1米。枝灰色，通常具粗壮棘刺。叶通常近对生，条形至条状披针形，叶柄极短。花先叶开放，淡黄色，花小；花萼2裂；雄花序轴常脱落，雄蕊4。雌花比雄花后开放，具短梗。花萼筒囊状，顶端2小裂。果实橙黄或橘红色，包于肉质花萼筒中，近球形。种子卵形，种皮坚硬，黑褐色（见图11–70）。

生境：山地阳坡、山地林缘、盐碱土壤等。

分布：兴安南部、赤峰匠陵、燕山北部、呼锡高原、阴山、阴南丘陵、鄂尔多斯等州。

经济价值：野果植物；药用植物，果实入药。

图11–70　中国沙棘

伞形科 Umbelliferae

柴胡属 *Bupleurum* L.

兴安柴胡 *Bupleurum sibiricum* Vest ex Spreng.

主要特征：多年生中旱生草本植物。高15~60厘米。根长圆锥形，黑褐色，有支根，根茎圆柱形，黑褐色，上部包被枯叶鞘与叶柄残留物，先端分出数茎。茎直立，略呈“之”字形弯曲。基生叶具长柄，叶鞘与叶柄下部常带紫色；叶片条状倒披针形，具平行叶脉5~7条。复伞形花序顶生和腋生；总苞片1~3（5）与上叶相似但较小；小伞形花序具花10~20朵，小总苞片5~8，黄绿色，具（3）5~7脉，显著超出并包围伞形花序；花瓣黄色。果椭圆形，淡棕褐色（见图11–71）。

生境：森林草原、山地草原、山地灌丛及林缘草甸。

分布：岭东、岭西、兴安南部、兴安北部、燕山北部、阴山、贺兰山等州。

经济价值：药用植物，根入药。

图11-71　兴安柴胡

红柴胡 *Bupleurum scorzonerifolium* Willd.

主要特征：多年生旱生草本植物。植株高（10）20~60厘米。主根长圆锥形，常为红褐色；根茎圆柱形，具横皱纹，不分枝，上部包被毛刷状叶鞘残留纤维。茎通常单一，直立，稍呈“之”字状弯曲，具纵细棱。基生叶与茎下部叶具长柄，茎中部与上部叶无柄。复伞形花序顶生和腋生，伞辐6~15；小伞形花序具花8~12朵；小总苞片通常5；花瓣黄色。果近椭圆形，果棱钝，每棱槽中常具油管3条，合生面常具4条（见图11-72）。

生境：草原、丘陵坡地、沙地。

分布：兴安北部、兴安南部、岭东、岭西、辽河平原、呼锡高原、乌兰察布、阴山等州。

经济价值：药用植物，根入药。

图11-72　红柴胡

阿魏属 *Ferula* L.

沙茴香 *Ferula bungeana* Kitag.

主要特征：多年生旱生草木。高30~50厘米。根状茎顶部包被淡褐棕色的纤维状老叶残基。茎直立，节间实心。基生叶多数，莲座状丛生，具长叶柄与叶鞘，黄色叶片质厚，坚硬，三至四回羽状全裂；茎中部叶2~3片，较小与简化；顶生叶极简化，有时只剩叶鞘。复伞形花序多数，常成层轮状排列；伞辐5~15；总苞片1~4；小伞形花序具花5~12朵，小总苞片3~5，花瓣黄色。果矩圆形，背腹压扁，果棱黄色，棱槽棕褐色，每棱槽中具油管1条，合生面具2条（见图11–73）。

生境：沙地。

分布：辽河平原、科尔沁、兴安南部、呼锡高原、乌兰察布、阴山、阴南丘陵、鄂尔多斯、东阿拉善、西阿拉善等州。

经济价值：药用植物，全草及根入药。

图11–73 沙茴香

防风属 *Saposhnikovia* Schischk.

防风 *Saposhnikovia divaricata*（Turcz.）Schischk.

主要特征：多年生旱生草本。高30~70厘米。主根圆柱形，粗壮，外皮灰棕色；根状茎短，外密被棕褐色纤维状老叶残基。茎直立，二歧式多分枝，稍呈“之”字弯曲，节间实心。基生叶多数簇生，具长柄与叶鞘，叶片二至三回羽状深裂；茎生叶与基生叶相似，但较小与简化，顶生叶柄几乎完全呈鞘状，具极简化的叶片或无叶片。复伞形花序多数，伞辐6~10；通常无总苞片；小伞形花序具花4~10朵；小总苞片4~10；花瓣白色；子房被小瘤状突起（见图11–74）。

生境：草原、丘陵坡地、固定沙丘。

分布：兴安北部、兴安南部、岭东、岭西、辽河平原、科尔沁、呼锡高原、燕山北部，阴山、鄂尔多斯等州。

经济价值：药用植物，根入药。

图11-74 防风

白花丹科 Plumbaginaceae
补血草属 *Limonium* Mill.
二色补血草 *Limonium bicolor*（Bunge）Kuntze

主要特征：多年生旱生草本。高（6.5）20~50厘米，全株除萼外均无毛。根皮红褐色至黑褐色，根颈单头或具2~5个头。基生叶基部渐狭下延成扁平的叶柄，全缘。花序轴1~5个，自中下部以上作数回分枝，最终小枝（指单个穗状花序的轴）常为二棱形，不育枝少；花（1）2~4（6）朵花集成小穗，3~5（11）个小穗组成有柄或无柄的穗状花序，由穗状花序再在花序分枝的顶端或上部组成或疏或密的圆锥花序；外苞片矩圆状宽卵形，有狭膜质边缘，第一内苞片与外苞片相似；萼为长漏斗状，沿脉密被细硬毛；萼檐宽阔，开放时直径与萼长相等，在花蕾中或展开前呈紫红或粉红色，后变白色；花冠黄色，裂片5；雄蕊5；子房倒卵圆形，具棱（见图11-75）。

生境：山地沙质土、沙地、沙砾质土及轻度盐化地。

分布：兴安南部、呼锡高原、辽河平原、科尔沁、燕北部、乌兰察布、阴山、阴南丘陵、鄂尔多斯、东阿拉善、贺兰山、额济纳等州。

经济价值：药用植物，带根全草入药；观赏植物。

图11-75 二色补血草

龙胆科 Gentianaceae
龙胆属 *Gentiana* L.
达乌里龙胆 *Gentiana dahurica* Fisch.

主要特征：多年生中旱生草本。高10~30厘米。直根圆柱形，深入地下，黄褐色。茎斜升，基部为纤维状的残叶基所包围。基生叶较大，条状披针形，全缘，五出脉；茎生叶较小，2~3对，三出脉。聚伞花序顶生或腋生；花萼管状钟形，管部膜质，有时1侧纵裂，具5裂片；花冠管状钟形，具5裂片，蓝色；褶三角形，对称，比裂片短一半。蒴果条状倒披针形，包藏在宿存花冠内。种子多数，淡棕褐色，表面细网状（见图11-76）。

生境：草原、草甸草原、山地草甸、灌丛中。

分布：全区各州。

经济价值：药用植物，根入药。

图11-76　达乌里龙胆

萝藦科 Asclepiadaceae
鹅绒藤属 *Cynanchum* L.
鹅绒藤 *Cynanchum chinense* R. Br.

主要特征：多年生中生草本。根圆柱形，灰黄色。茎缠绕，多分枝。叶对生，薄纸质，宽三角状心形，全缘，基部心形，上面绿色，下面灰绿色，两面均被短柔毛。伞状二歧聚伞花序腋生，着花约20朵；花萼5深裂；花冠辐状，白色；副花冠杯状，膜质，外轮顶端5浅裂，裂片三角形，裂片间具5条稍弯曲的丝状体，内轮具5条较短的丝状体，外轮丝状体与花冠近等长；花粉块每药室1个，椭圆形，下垂；柱头近五角形，稍突起，顶端2裂。蓇葖果通常1个发育，少双生。种子黄棕色，顶端种缨长约3厘米，白色绢状（见图11–77）。

生境：沙地、河滩地、田埂。

分布：科尔沁、阴南丘陵、乌兰察布、鄂尔多斯、东阿拉善等州。

经济价值：药用植物，根及茎的乳汁入药。

图11–77　鹅绒藤

地梢瓜 *Cynanchum thesioides*（Freyn）K. Schum.

主要特征：多年生旱生草本。高15~30厘米。根细长，褐色，具横行绳状的支根。茎自基部多分枝，直立。叶对生，条形，边缘常向下反折。伞状聚伞花序腋生，着花3~7朵，总花梗长2~3（5），花梗长短不一；花萼5深裂，裂片披针形；花冠白色，辐状，5深裂；副花冠杯状，5深裂，裂片三角形；花粉块每药室1个，矩圆形，下垂。蓇葖果单生，纺锤形，表面具纵细纹。种子棕色，顶端种缨白色，绢状（见图11–78）。

生境：干草原、丘陵坡地、沙丘、撂荒地、田埂。

分布：全区各州。

经济价值：药用植物，带果实的全草入药；野果植物。

图11–78　地梢瓜

旋花科 Convolvulaceae
打碗花属 *Calystegia* R. Br.
打碗花 *Calystegia hederacea* Wall. ex Roxb.

主要特征：一年生缠绕或平卧中生草本。具细长白色的根茎。茎通常由基部分枝。叶片三角状卵形、戟形或箭形，侧面裂片尖锐，近三角形，或2~3裂，中裂片矩圆形或矩圆状披针形。花单生叶腋，花梗长于叶柄；苞片宽卵形；花冠漏斗状，淡粉红色或淡紫色；雄蕊花丝基部扩大，有细鳞毛；柱头2裂。蒴果光滑无毛（见图11-79）。

生境：耕地、撂荒地、路旁、溪边。

分布：兴安北部、岭东、燕山北部、辽河平原、科尔沁、兴安南部、岭西、呼锡高原、乌兰察布、赤峰丘陵、阴山、阴南丘陵、鄂尔多斯等州。

经济价值：药用植物，根茎及花入药；观赏植物。

图11-79 打碗花

旋花属 *Convolvulus* L.
田旋花 *Convolvulus arvensis* L.

主要特征：细弱蔓生或微缠绕的多年生草本。叶形变化很大，三角状卵形至卵状矩圆形，或为狭披针形，基部戟形，心形或箭簇形。花序腋生，有1~3花；苞片2，细小，条形，生于花下3~10毫米处；萼片有毛，边缘膜质；花冠宽漏斗状，白色或粉红色，或白色具粉红或红色的瓣中带，或粉红色具红色或白色的瓣中带；花丝基部扩大，具小鳞毛；子房有毛。蒴果卵状球形或圆锥形（见图11-80）。

生境：田间、撂荒地、村舍、路旁、轻度盐化草甸。

分布：全区各州。

经济价值：药用植物，全草、花和根入药；观赏植物。

图11-80　田旋花

紫草科 **Boraginaceae**
紫丹属 ***Tournefortia* L.**
砂引草 ***Tournefortia sibirica* L.**

主要特征：多年生中旱生草本。具细长的根状茎。茎8~25厘米，密被长柔毛，常自基部分枝。叶披针形或条状倒披针形，两面被密伏生的长柔毛。伞房状聚伞花序顶生，花密集，仅花序基部具1条形苞片；花萼5深裂；花冠白色，漏斗状，外被密柔毛，喉部无附属物；雄蕊5，内藏，着生于花冠筒近中部或以下，花药箭形，基部2裂；子房不裂，4室，每室具1胚珠，柱头下具膨大环状物。果矩圆状球形，被密短柔毛（见图11-81）。

生境：沙地、沙漠边缘、盐生草甸、干河沟边。

分布：呼锡高原、兴安南部、科尔沁、辽河平原、赤峰丘陵、乌兰察布、阴山、阴南丘陵、鄂尔多斯、西阿拉善等州。

经济价值：香料植物。

图11-81　砂引草

鹤虱属 *Lappula* Moench

鹤虱 *Lappula myosotis* Moench

主要特征：一或二年生旱中生草本。茎直立，高20~35厘米，中部以上多分枝，全株（茎、叶、苞片、花梗、花萼）均密被白色细刚毛。基生叶全缘，基部渐狭下延；茎生叶较短而狭，披针形或条形。花序在花期较短，果期则伸长；苞片条形；花梗果期伸长；花萼5深裂至基部，果期增大呈狭披针形，星状开展或反折；花冠浅蓝色，漏斗状至钟状，喉部具5矩圆形附属物；柱头扁球形。小坚果卵形，通常有颗粒状瘤凸，背面边缘有2行近等长的锚状刺，内行刺长1.5~2毫米，基部不互相汇合，外行刺较内行刺稍短或近等长，通常直立（见图11-82）。

生境：河谷草甸、山地草甸及路旁等。

分布：兴安北部、兴安南部、呼锡高原、阴山、鄂尔多斯、东阿拉善、贺兰山等州。

经济价值：药用植物，果实入药。

图11-82 鹤虱

唇形科 Labiatae

黄芩属 *Scutellaria* L.

黄芩 *Scutellaria baicalensis* Georgi

主要特征：多年生中旱生草本。高20~35厘米。主根粗壮，圆锥形。茎直立或斜升，多分枝。叶披针形或条状披针形，全缘，上面无毛或疏被贴生的短柔毛，下面无毛或沿中脉疏被贴生微柔毛，密被下陷的腺点。花序顶生，总状，常偏一侧。

果时花萼长达6毫米，盾片高4毫米；花冠紫色、紫红色或蓝色，上唇盔状，先端微裂，里面被短柔毛，下唇3裂，中裂片近圆形，两侧裂片向上唇靠拢，矩圆形；雄蕊稍伸出花冠，花丝扁平，后对花丝中部被短柔毛；子房4裂，光滑，褐色；花盘环状。小坚果卵圆形，具瘤，腹部近基部具果脐（见图11-83）。

生境：山地、丘陵的砾石坡地及沙质土。

分布：兴安北部、岭西、兴安南部、呼锡高原、科尔沁、赤峰丘陵、燕山北部、阴山及阴南丘陵等州。

经济价值：药用植物，根入药。

图11-83 黄芩

夏至草属 *Lagopsis*（Bunge ex Benth.）Bunge
夏至草 *Lagopsis supina*（Steph. ex Willd.）Ikoon.-Gal. ex Knorr.

主要特征：多年生旱中生草本。高15~30厘米。茎密被微柔毛，分枝。叶轮廓为半圆形、圆形或倒卵形，3浅裂或3深裂。轮伞花序具疏花；小包片弯曲，刺状，密被微柔毛；花萼管状钟形，外面密被微柔毛，具5脉，萼齿近整齐，三角形，先端具浅黄色刺尖；花冠白色，稍伸出于萼筒，外面密被长柔毛，上唇尤密，里面与花丝基部扩大处被微柔毛，冠筒基部靠上处内缢，上唇矩圆形，全绿，下唇中裂片圆形，侧裂片椭圆形；雄蕊着生于管筒内缢处，不伸出，后对较短；花柱先端2浅裂。小坚果长卵状三棱形，褐色，有鳞秕（见图11-84）。

生境：田野、撂荒地、路旁。

分布：兴安南部、科尔沁、赤峰丘陵、燕山北部、呼锡高原、阴山、阴南丘陵、乌兰察布、东阿拉善、贺兰山等州。

经济价值：药用植物，全草入药。

图11-84　夏至草

裂叶荆芥属 *Schizonepeta* Briq.

多裂叶荆芥 *Schizonepeta multifida*（L.）Briq.

主要特征：多年生中旱生草本。高30~40厘米。茎坚硬，被白色长柔毛。叶轮廓为卵形，羽状深裂或全裂,有时浅裂至全缘，先端锐尖，基部楔形至心形，裂片条状披针形，全缘或具疏齿，上面疏被微柔毛，下面沿叶脉及边缘被短硬毛，具腺点。花序为由多数轮伞花序组成的顶生穗状花序，下部一轮远离；苞叶深裂或全缘，向上渐变小，呈紫色，被微柔毛，小苞片呈紫色；花萼紫色，外面被短柔毛；花冠蓝紫色，下唇中裂片大，肾形；雄蕊前对较上唇短，后对略超出上唇，花药褐色；花柱伸出花冠，顶端等2裂，暗褐色。小坚果扁，倒卵状矩圆形，腹面略具棱（见图11-85）。

生境：草甸草原、典型草原、林缘、灌丛、沙质平原、丘陵坡地及石质山坡。

分布：兴安北部、兴安南部、岭西、科尔沁、呼锡高原、阴山、贺兰山等州。

经济价值：观赏植物。

图11-85　多裂叶荆芥

益母草属 *Leonurus* L.

益母草 *Leonurus japonicus* Houtt.

主要特征：一或二年生中生草本。高30~80厘米。茎直立，钝四棱形，微具槽，有倒向糙伏毛，棱上尤密，基部近于无毛，分枝。叶形变化较大，茎下部叶轮廓为卵形，基部宽楔形，掌状3裂，中部叶轮廓为菱形，基部狭楔形，掌状3半裂或3深裂，裂片矩圆状披针形；花序上部的苞叶成条形或条状披针形，全缘或具稀少缺刻；轮伞花序腋生，多花密集，轮廓为圆球形，多数远离而组成长穗状花序；小苞片刺状，比萼筒短；无花梗；花萼管状钟形，外面贴生微柔毛，里面在离基部1/3处以上被微柔毛，齿5，前2齿靠合，较长，后3齿等长，较短；花冠粉红至淡紫红色，伸出于萼筒部分的外面被柔毛，冠檐二唇形，上唇直伸，下唇与上唇等长，3裂；雄蕊4，前对较长，花丝丝状；花柱丝状，无毛。小坚果矩圆状三棱形（见图11-86）。

生境：田野、沙地、灌丛、疏林、草甸草原及山地草甸等。

分布：兴安南部、辽河平原、燕山北部、阴南丘陵等州。

经济价值：药用植物，全草入药。

图11-86 益母草

细叶益母草 *Leonurus sibiricus* L.

主要特征：一或二年生旱中生草本。高30~75厘米。茎钝四棱形，有短而贴生的糙伏毛。叶形从下到上变化较大，下部叶早落，中部叶轮廓为卵形，掌状3全裂，在裂片上再羽状分裂（多3裂）；最上部的苞叶近于菱形，3全裂成细裂片。轮伞花序腋生，多花，轮廓圆球形，向顶逐渐密集组成长穗状；小苞片刺状，向下反折；无花梗；花萼管状钟形，外面在中部被疏柔毛，齿5，前2齿长，稍开张，后3齿短；花冠粉红色，冠檐二唇形，上唇矩圆形，直伸，全缘，外面密被长柔毛，里面无毛，下唇比上唇短，外面密被长柔毛，3裂；雄蕊4，前对较长，花丝丝状；花柱丝状，先端2浅裂。小坚果矩圆状三棱形，褐色（见图11-87）。

生境：石质丘陵、砂质草原、杂木林、灌丛、山地草甸、农田及村旁、路边。

分布：呼锡高原、兴安南部、乌兰察布、鄂尔多斯、阴南丘陵、西和东阿拉善等州。

经济价值：药用植物，全草入药。

图11-87　细叶益母草

百里香属 *Thymus* L.

百里香 *Thymus serpyllum* L.

主要特征：旱生小半灌木。茎木质化，多分枝，匍匐或斜升。花枝高（0.5）2~8（18）厘米，在花序下密被向下弯曲的柔毛，基部有脱落的先出叶；不育枝从茎的末端或基部生出。叶条状披针形、披针形、条状倒披针形或倒披针形，先端钝或尖，基部楔形或渐狭，全缘，近基部边缘具少数睫毛。轮伞花序紧密排成头状；花萼狭钟形，具10~11脉，具黄色腺点，上唇与下唇通常近相等，上唇有3齿，齿三角形；具睫毛或近无毛，下唇2裂片钻形，被硬睫毛；花冠紫红色、紫色或粉红色，被短疏柔毛。小坚果近网形,光滑（见图11-88）。

生境：沙砂质平原、石质丘陵、山地阳坡。

分布：兴安北部、岭东、呼锡高原、兴安南部、辽河平原、阴山、阴南丘陵等州。

经济价值：药用植物，全草入药；中等饲用植物。

图11-88　百里香

薄荷属 *Mentha* L.
薄荷 *Mentha canadensis* L.

主要特征：多年生湿中生草本。高30~60厘米。茎直立，具长根状茎，四棱形。叶矩圆状披针形、椭圆形、椭圆状披针形或卵状披针形，先端渐尖或锐尖，基部楔形，边缘具锯齿或浅锯齿。轮伞花序腋生，轮廓球形，总花梗极短；苞片条形，花梗纤细。花萼管状钟形，萼齿狭三角状钻形，外面被疏或密的微柔毛与黄色腺点。花冠淡紫或淡红紫色，外面略被微柔毛或长疏柔毛，里面在喉部以下被微柔毛，冠檐4裂，上裂片先端微凹或2裂，其余3裂片近等大。雄蕊4，前对较长，伸出花冠之外或与花冠近等长。花柱略超出雄蕊，先端近相等2浅裂。小坚果卵球形，黄褐色（见图11-89）。

生境：低湿地、湖滨草甸、河滩沼泽草甸。

分布：兴安北部、呼锡高原兴安南部、科尔沁、辽河平原、燕山北部、岭西、阴山、阴南丘陵、鄂尔多斯、东阿拉善等州。

经济价值：药用植物，地上部分入药。

图11-89 薄荷

茄科 Solanaceae
茄属 *Solanum* L.
龙葵 *Solanum nigrum* L.

主要特征：一年生中生草本。高0.2~1米。茎直立，多分枝。叶卵形，有不规则的波状粗齿或全缘，两面光滑或有疏短柔毛。花序短蝎尾状，腋外生，下垂，有花4~10朵；花萼杯状；花冠白色，辐状，裂片卵状三角形；子房卵形，花柱中部以下有白色绒毛。浆果球形，熟时黑色，种子近卵形（见图11-90）。

生境：路旁、村边、水沟边。

分布：阴山、阴南丘陵、鄂尔多斯等州。

经济价值：药用植物，全草药用；野果植物。

图11-90　龙葵

青杞 *Solanum septemlobum* Bunge

主要特征：多年生中生草本。高20~50厘米。茎有棱，直立，多分枝。叶卵形，通常不整齐羽状7深裂，裂片宽条形或披针形，先端尖，两面均疏被短柔毛，叶脉及边缘毛较密。二歧聚伞花序顶生或腋生；花梗纤细；花萼小，杯状，外面有疏柔毛，裂片三角形，花冠蓝紫色，裂片矩圆形。浆果近球状，熟时红色；种子扁圆形（见图11-91）。

生境：路旁、林下及水边。

分布：全区各州。

经济价值：药用植物，地上部分入药。

图11-91　青杞

天仙子属 *Hyoscyamus* L.

天仙子 *Hyoscyamus niger* L.

主要特征：一或二年生中生草本。高30~80厘米，具纺锤状粗壮肉质根，全株密生粘性腺毛及柔毛，有臭气。叶在茎基部丛生呈莲座状；茎生叶互生，无柄而半抱茎，或为楔形向下狭细呈长柄状，边缘羽状深裂或浅裂，或为疏牙齿。花在茎中部单生于叶腋，在茎顶聚集成蝎尾式总状花序，偏于一侧；花萼筒状钟形，密被细腺毛及长柔毛，先端5浅裂，先端锐尖具小芒尖，果时增大成壶状，基部圆形与果贴近；花冠钟状，土黄色，有紫色网纹，先端5浅裂；子房近球形。蒴果卵球状，中部稍上处盖裂，藏于宿萼内；种子小，淡黄棕色，具小疣状突起（见图11–92）。

生境：村舍、路边及田野。

分布：全区各州。

经济价值：药用植物，种子入药。

图11–92　天仙子

曼陀罗属 *Datura* L.
曼陀罗 *Datura stramonium* L.

主要特征：一年生中生草本。高1~2米。茎粗壮，平滑，上部呈二歧分枝，下部木质化。单叶互生，宽卵形，先端渐尖，基部不对称楔形，边缘有不规则波状浅裂，裂片先端短尖，有时再呈不相等的疏齿状浅裂，两面脉上及边缘均有疏生短柔毛。花单生于茎枝分叉处或叶腋，直立；花萼筒状，有5棱角；花冠漏斗状，花冠管具5棱，下部淡绿色，上部白色或紫色，5裂，裂片先端具短尖头；雄蕊不伸出花冠管外，花丝呈丝状，子房卵形，不完全4室，花柱丝状，柱头头状而扁。蒴果直立，卵形，表面具有不等长的坚硬针刺，通常上部者较长，或有时仅粗糙而无针刺，成熟时自顶端向下作规则的4瓣裂，基部具五角形膨大的宿存萼，向下反卷；种子近卵圆形而稍扁（见图11–93）。

生境：路旁、住宅旁以及撂荒地上。

分布：科尔沁、赤峰丘陵、阴南丘陵等州。

经济价值：药用植物，花入药。

图11-93 曼陀罗

玄参科 Scrophulariaceae

柳穿鱼属 *Linaria* Mill.

柳穿鱼 *Linaria vulgaris* Mill. subsp. *chinensis*（Bunge ex Debeaux）D. Y. Hong

主要特征：多年生旱中生草本。主根细长，黄白色。茎直立，单一或有分枝，高15~50厘米。叶多互生，部分轮生，少全部轮生，条形至披针状条形，全缘，无毛。总状花序顶生，花多数，花序轴、花梗、花萼无毛或有少量短腺毛；苞片披针形；花萼裂片5，披针形；花冠黄色，距向外方略上弯呈弧曲状，末端细尖，上唇直立，2裂，下唇先端平展，3裂，在喉部向上隆起，檐部呈假面状，喉部密被毛。蒴果卵球形；种子黑色，圆盘状，具膜质翅，中央具瘤状突起（见图11-94）。

生境：山地草甸、沙地及路边。

分布：兴安北部、兴安南部、岭西、岭东、呼锡高原、赤峰丘陵、科尔沁、阴山、阴南丘陵等州。

经济价值：药用植物，全草入药。

图11-94 柳穿鱼

芯芭属 *Cymbaria* L.
达乌里芯芭 *Cymbaria daurica* L.

主要特征：多年生旱生草本。高4~20厘米，全株密被白色棉毛而呈银灰白色。根茎垂直或稍倾斜向下，多少弯曲，向上成多头。叶披针形、条状披针形或条形，先端具1小刺尖头，白色棉毛尤以下面更密。小苞片条形或披针形，全缘或具1~2小齿，通常与萼管基部紧贴；萼筒通常有脉11条，萼齿5，钻形或条形，齿间常生有1~2枚附加小齿；花冠黄色，2唇形，外面被白色柔毛，内面有腺点，下唇3裂，较上唇长，在其二裂口后面有褶襞两条，中裂片较侧裂片略长，裂片长椭圆形，先端钝；雄蕊微露于花冠喉部，着生于花管内里靠近子房的上部处，花丝基部被毛，花药长倒卵形，纵裂，顶端钝圆，被长柔毛、子房卵形，花柱细长，自上唇先端下方伸出，弯向前方，柱头头状。蒴果革质，长卵圆形；种子卵形（见图11-95）。

生境：典型草原、荒漠草原及山地草原。

分布：兴安北部、兴安南部、岭西、呼锡高原、赤峰丘陵、燕山北部、乌兰察布、阴山、阴南丘陵等州。

经济价值：药用植物，全草入药。

图11-95 达乌里芯芭

紫葳科 Bignoniaceae
角蒿属 *Incarvillea* Juss.
角蒿 *Incarvillea sinensis* Lam.

主要特征：一年生中生草本。高30~80厘米。茎直立，具黄色细条纹，被微毛。叶互生于分枝上，对生于基部，轮廓为菱形或长椭圆形，二至三回羽状深裂或至全裂，羽片4~7对，下部的羽片再分裂成2对或3对，最终裂片为条形或条状披针形，上面绿色，被毛或无毛，下面淡绿色，被毛，边缘具短毛。花红色，或紫红色由4~18朵花组成的顶生总状花序，苞片1和小苞片2，密被短毛，丝状；花萼钟状，5裂，裂片条状锥形，基部膨大；花冠筒状漏斗形，先端5裂，裂片矩圆形，里面有黄色斑点；雄蕊4，着生于花冠中部以下，花丝近药基部及室的两侧，各具l硬毛；雌蕊着生于扁平的花盘上，密被腺毛。蒴果长角状弯曲，熟时瓣裂，内含多数种子；种子褐色，具翅，白色膜质（见图11-96）。

生境：山地、沙地、河滩、河谷、田野、撂荒地、路边及宅旁。

分布：兴安北部、辽河平原、岭西、呼锡高原、鄂尔多斯等州。

经济价值：药用植物，地上部分入药。

图11-96 角蒿

列当科 **Orobanchaceae**
列当属 ***Orobanche* L.**
黄花列当 ***Orobanche pycnostachya* Hance**

主要特征：二年生或多年生寄生草本。高12~34厘米。全株密被腺毛。茎直立，单一，不分枝，圆柱形，基部常膨大，具不定根，黄褐色。叶鳞片状，卵状披针形或条状披针形，黄褐色。穗状花序顶生，具多数花；苞片卵状披针形，黄褐色，密被腺毛；花萼2深裂达基部，每裂片再2中裂；花冠2唇形，黄色，上唇2浅裂，下唇3浅裂，中裂片较大；雄蕊2强，花药被柔毛。蒴果矩圆形，包藏在花被内。种子褐黑色，扁球形或扁椭圆形（见图11-97）。

生境：固定或半固定沙丘、山坡、草原。

分布：兴安北部、兴安南部、呼锡高原、阴山、东阿拉善等州。

经济价值：药用植物，全草入药。

图11-97 黄花列当

列当 *Orobanche coerulescens* Steph.

主要特征：二年生或多年生寄生草本植物。高10~35厘米，全株被蛛丝状绵毛。茎不分枝，圆柱形，黄褐色，基部常膨大。叶鳞片状，卵状披针形，黄褐色。穗状花序顶生；苞片卵状披针形，先端尾尖，棕褐色；花萼2深裂至基部，每裂片2浅尖裂；花冠2唇形，蓝紫色或淡紫色，上唇宽阔，顶部微凹，下唇3裂，中裂片较大；雄蕊着生于花冠管的中部，花药无毛，花丝基部常具长柔毛。蒴果卵状椭圆形。种子黑褐色（见图11-98）。

生境：固定或半固定沙丘、向阳山坡、山沟草地。

分布：全区各州。

经济价值：药用植物，全草入药。

图11-98 列当

茜草科 **Rubiaceae**
拉拉藤属 ***Galium* L.**
蓬子菜 ***Galium verum* L.**

主要特征：多年生中生草本。地下茎横走，暗棕色。茎高25~65厘米，具4纵棱，被短柔毛。叶6~8（10）片轮生，条形或狭条形，先端尖，基部稍狭，上面深绿色，下面灰绿色，边缘反卷。聚伞圆锥花序顶生或上部叶腋生；花小，黄色；萼筒无毛；花冠裂片4，卵形，雄蕊4，花柱2裂至中部，柱头头状。果小，果爿双生，近球形（见图11-99）。

生境：草甸草原、杂类草草甸、山地林缘及灌丛中。

分布：兴安北部、岭西、呼锡高原、辽河平原、阴山、阴南丘陵、龙首山等州。

经济价值：药用植物，全草入药。

图11-99　蓬子菜

忍冬科 **Caprifoliaceae**
忍冬属 ***Lonicera* L.**
黄花忍冬 ***Lonicera chrysantha* Turcz. ex Ledeb.**

主要特征：中生灌木。高1~2米。小枝被长柔毛，后变光滑。叶菱状卵形至菱状披针形或卵状披针形，先端尖或渐尖，基部圆形或宽楔形，全缘，具睫毛。苞片与子房等长或较长，小苞片卵状矩圆形至近圆形，长为子房的1/3~1/2，边缘具睫毛，背部具腺毛；花黄色，花冠外被柔毛，花冠筒基部一侧浅囊状，上唇4浅裂；雄蕊5，花丝中部以下与花冠筒合生，被密柔毛；柱头圆球状，子房具腺毛。浆果红色，种子多数（见图11-100）。

生境：海拔1 200~1 400米的山地阴坡杂木林下或沟谷灌丛中。

分布：兴安北部、呼锡高原、兴安南部、燕山北部、阴山、贺兰山等州。

经济价值：观赏植物；树皮可造纸或作人造棉。

图11-100　黄花忍冬

川续断科 Dipsacaceae
蓝盆花属 *Scabiosa* L.
华北蓝盆花 *Scabiosa tschiliensis* Grunning

主要特征：多年生中旱生草本。根粗壮，木质。茎斜升，高20~50（80）厘米。基生叶椭圆形、矩圆形、卵状披针形至窄卵形，先端略尖或钝，缘具缺刻状锐齿，或大头羽状裂，边缘具细纤毛；茎生叶羽状分裂，裂片2~3裂或再羽裂，最上部叶羽裂片呈条状披针形。头状花序在茎顶成三出聚伞排列，总苞片14~16片；边缘花较大而呈放射状；花萼5齿裂，刺毛状；花冠蓝紫色，筒状，先端5裂，裂片3大2小；雄蕊4；子房包于杯状小总苞内。果序椭圆形或近圆形，小总苞略呈四面方柱状，每面有不甚显著中棱1条，被白毛，顶端有干膜质檐部，檐下在中棱与边棱间常有8个浅凹穴；瘦果包藏在小总苞内，其顶端具宿存的刺毛状萼针（见图11-101）。

生境：沙质草原、典型草原及草甸草原。

分布：兴安北部、燕山北部、兴安南部、呼锡高原、乌兰察布以及阴山等州。

经济价值：药用植物，花入药。

图11-101 华北蓝盆花

蒺藜科 **Zygophyllaceae**

蒺藜属 ***Tribulus* L.**

蒺藜 ***Tribulus terrestris* L.**

主要特征：一年生中生草本。茎由基部分枝，平铺地面，全株被绢状柔毛。双数羽状复叶，小叶5~7对，对生，基部稍偏斜。萼片卵状披针形，宿存；花瓣倒卵形，雄蕊10；子房卵形，有浅槽，突起面密被长毛，花柱单一，短而膨大，柱头5，下延。果由5个分果瓣组成，每果瓣具长短棘刺各1对，背面有短硬毛及瘤状突起（见图11-102）。

生境：荒地、山坡、石质残丘坡地、沙地、干河床边、路旁、田间、居民点附近。

分布：全区各州。

经济价值：药用植物，果实入药。

图11-102 蒺藜

芸香科 Rutaceae
拟芸香属 *Haplophyllum* Juss.
北芸香 *Haplophyllum dauricum*（L.）G. Don

主要特征：多年生旱生草本。高6~25厘米，全株有特殊香气。根棕褐色。茎丛生，直立。单叶互生，全缘，叶两面具腺点。花聚生于茎顶，黄色，花的各部分具腺点；萼片5；花瓣5，黄色，边缘薄膜质；雄蕊10，离生，花丝下半部增宽，边缘密被白色长睫毛，花药长椭圆形，药隔先端的腺点黄色；子房黄棕色，基部着生在圆形花盘上；柱头稍膨大。蒴果，成熟时黄绿色，3瓣裂，每室有种子2粒；种子肾形，黄褐色，表面有皱纹（见图11-103）。

生境：草原、森林草原、荒漠草原区的山地。

分布：兴安北部和南部、岭西、呼锡高原、乌兰察布、赤峰丘陵、阴山、鄂尔多斯等州。

经济价值：良等饲用植物。

图11-103　北芸香

大戟科 Euphorbiaceae
大戟属 *Euphorbia* L.
乳浆大戟 *Euphorbia esula* L.

主要特征：多年生草木。高可达50厘米。根细长，褐色。茎直立，单一或分枝。叶条形、条状披针形或倒披针状条形，边缘全缘。总花序顶生，具3~10伞梗，基部有3~7轮生苞叶，苞叶条形，披针形、卵状披针形或卵状三角形，每伞梗顶端常具1~2次叉状分出的小伞梗，小伞梗基部具1对苞片，三角状宽卵形、肾状半圆形或半圆形，杯状总苞长2~3毫米，外面光滑无毛，先端4裂；腺体4，与裂片相间排列，新月形，两端有短角，黄褐色或深褐色；子房卵圆形，3室，花柱3，先端2浅裂。蒴果扁圆球形，具3沟，无毛，无瘤状突起（见图11-104）。

生境：草原、山坡、干燥沙质地和路旁。

分布：全区各州。

经济价值：药用植物，全株入药。

图11-104　乳浆大戟

槭树科 Aceraceae
槭树属 *Acer* L.
茶条槭 *Acer ginnala* Maxim.

主要特征：落叶中生小乔木。高达4米。单叶对生，具3裂片，中央裂片卵状长椭圆形，较两侧裂片大，有时裂片不显著，边缘具重锯齿，网脉显著隆起。花黄白色，杂性同株，由多花排成伞房花序，顶生，萼片5，边缘具柔毛；花瓣5，雄蕊8，着生于花盘内侧，子房密被长柔毛，花柱无毛，柱头2裂。小坚果两翅几近平行，两果开展度为锐角或更小，果常带红色（见图11-105）。

生境：干燥砾质山坡、山地半阳坡、半阴坡。

分布：岭西、呼锡高原、阴山、乌兰察布、鄂尔多斯等州。

经济价值：木材；药用植物，叶及芽入药。

图11-105　茶条槭

菊科 Compositae
狗娃花属 *Heteropappus* Less.
阿尔泰狗娃花 *Heteropappus altaicus*（Willd.）Novopokr.

主要特征：多年生中旱生草本。高（5）20~40厘米。根多分歧。全株被弯曲短硬毛和腺点，茎多由基部分枝，斜升。叶条形、条状矩圆形、披针形、倒披针形，或近匙形，全缘。头状花序单生于枝顶或排成伞房状；总苞片草质，边缘膜质，外层者长3~5毫米，内层者长5~6毫米；舌状花淡蓝紫色；管状花长约6毫米。瘦果冠毛污白色或红褐色，为不等长的糙毛状（见图11–106）。

生境：干草原、草甸草原、山地、丘陵坡地、砂质地、路旁及村舍附近等。

分布：全区各州。

经济价值：药用植物，全草及根入药；观赏植物；中等饲用植物。

图11–106　阿尔泰狗娃花

旋覆花属 *Inula* L.
欧亚旋覆花 *Inula britannica* L.

主要特征：多年生中生草本。高20~70厘米，根状茎短，横走或斜升。茎直立，单生或2~3个簇生。基生叶和下部叶在花期常枯萎，长椭圆形或披针形；中部叶基部宽大，无柄，心形或有耳，半抱茎，边缘有具小尖头的疏浅齿或近全缘；上部叶渐小。头状花序1~5个生于茎顶或枝端。总苞半球形，总苞片4~5层。舌状花黄色，舌片条形；管状花长约5毫米。瘦果长1~1.2毫米；冠毛1层，白色，与管状花冠等长（见图11–107）。

生境：草甸、湿润的农田、地埂和路旁。

分布：岭西、呼锡高原、辽河平原、科尔沁、兴安南部、燕山北部、赤峰丘陵、阴山、鄂尔多斯等州。

经济价值：药用植物，花序入药；观赏植物。

图11–107　欧亚旋覆花

蓼子朴 *Inula salsoloides*（Turcz.）Ostenf.

主要特征：多年生旱生草本，高15~45厘米。根状茎横走，木质化，具膜质鳞片状叶。茎直立、斜升或平卧，圆柱形，由基部向上多分枝，枝细，常弯曲，被糙硬毛混生长柔毛和腺点。叶基部心形或有小耳，半抱茎，全缘。头状花序单生于枝端；总苞片4~5层，外层者渐小，披针形、长卵形或矩圆状披针形；内层者较长，条形或狭条形。舌状花舌片浅黄色，椭圆状条形。瘦果被腺体；冠毛白色，约与花冠等长（见图11–108）。

生境：荒漠草原带及草原带的沙地与砂砾质冲积土。

分布：全区各州（除兴安北部、岭东、岭西州外）。

经济价值：药用植物，花及全草入药；观赏植物。

图11–108　蓼子朴

苍耳属 *Xanthium* L.

苍耳 *Xanthium strumarium* L.

主要特征：一年生草本植物。植株高20~60厘米。茎直立，不分枝或少分枝。叶三角状卵形或心形，与叶柄连接处成楔形，不分裂或有3~5不明显浅裂，边缘有缺刻及不规则的粗锯齿，具三基出脉。雄头状花序直径4~6毫米，雄花花冠钟状；雌头状花序椭圆形，外层总苞片披针形，内层总苞片宽卵形或椭圆形，成熟的具瘦果的总苞变坚硬，绿色、淡黄绿色或带红褐色，外面疏生具钩状的刺，基部微增粗或不增粗，被短柔毛，常有腺点，或全部无毛；喙坚硬，锥形，上端略弯曲，不等长。瘦果长约1厘米，灰黑色（见图11–109）。

生境：田野、路边。

分布：全区各州。

经济价值：药用植物，带总苞的果实入药。

图11–109　苍耳

蓍属 *Achillea* L.

亚洲蓍 *Achillea asiatica* Serg.

主要特征：多年生中生草本。植株高15~50厘米。根状茎细，横走，褐色。茎单生或数个，直立或斜升。叶二至三回羽状全裂，小裂片先端有软骨质小尖，叶具柄或近无柄；中部叶及上部叶较短，无柄。头状花序多数，在茎顶密集排列成复伞房状；总苞杯状；总苞片3层，黄绿色，边缘和顶端膜质，褐色；舌状花粉红色，稀白色，顶端有3个圆齿；管状花淡粉红色。瘦果楔状矩圆形（见图11–110）。

生境：河滩、沟谷草甸及山地草甸。

分布：兴安北部、岭西、兴安南部、科尔沁、呼锡高原、阴山等州。

经济价值：药用植物，全草入蒙药。

图11-110 亚洲蓍

菊属 *Chrysanthemum* L.

小红菊 *Chrysanthemum chanetii* H. Lev.

主要特征：多年生中生草本。高10~60厘米。具匍匐的根状茎。茎单生或数个，直立或基部弯曲。基生叶及茎中、下部叶通常3~5掌状或掌式羽状浅裂或半裂，少深裂。头状花序直径2~4厘米，少数（约2个）至多数（约15个）在茎枝顶端排列成疏松的伞房状，极少有单生于茎顶。总苞碟形；总苞片4~5层，全部总苞片边缘白色或褐色膜质。舌状花白色、粉红色或红紫色。瘦果顶端斜截，下部渐狭，具4~6条脉棱（见图11-111）。

生境：山坡、林缘及沟谷等。

分布：兴安南部、赤峰丘陵、燕山北部、阴山、贺兰山等州。

经济价值：观赏植物。

图11-111 小红菊

楔叶菊 *Chrysanthemum naktongense* Nakai

主要特征：多年生草本。高15~50厘米。具匍匐的根状茎。茎直立，不分枝或有分枝。茎中部叶掌式羽状或羽状3~9浅裂、半裂或深裂，裂片椭圆形或卵形，或不分裂而在边缘有缺刻状锯齿，裂片及齿端具小尖头。头状花序较大，直径2.5~5厘米，2~9个在茎枝顶端排列成疏松伞房状，极少单生。总苞碟状；总苞片5层。舌状花白色、粉红色或淡红紫色，舌片先端全缘或具2齿；管状花长2~3毫米（见图11-112）。

生境：山坡、林缘及沟谷。

分布：岭西、呼锡高原、兴安南部、科尔沁、阴山等州。

经济价值：观赏植物。

图11-112 楔叶菊

线叶菊属 *Filifolium* Kitam.

线叶菊 *Filifolium sibiricum*（L.）Kitam.

主要特征：多年生草本。高15~60厘米。茎单生或数个，直立，不分枝或上部分枝。基生叶轮廓倒卵形或矩圆状椭圆形，有长柄；茎生叶较小，无柄；全部叶二至三回羽状全裂。头状花序多数，在枝端或茎顶排列成复伞房状；总苞球形或半球形；总苞片3层；花序托突起，圆锥形，无毛；有多数异形小花，外围有1层雌花，结实，管状，顶端2~4裂；中央有多数两性花，不结实，花冠管状，黄色。瘦果倒卵形，无冠毛（见图11-113）。

生境：山地草原、低山丘陵坡地的上部及顶部。

分布：兴安北部、岭西、岭东、兴安南部、科尔沁、辽河平原、呼锡高原、燕山北部、赤峰丘陵、阴山、阴南丘陵等州。

经济价值：观赏植物。

图11-113 线叶菊

蒿属 *Artemisia* L.
冷蒿 *Artemisia frigida* Willd.

主要特征：多年生旱生草本。高10~50厘米。主根细长或较粗，木质化茎少数或多条常与营养枝形成疏松或密集的株丛，基部多少木质化；茎、枝、叶及总苞片密被灰白色或淡灰黄色绢毛。茎下部叶与营养枝叶矩圆形或倒卵状矩圆形，二至三回羽状全裂，侧裂片2~4对；中部叶矩圆形或倒卵状矩圆形，一至二回羽状全裂，侧裂片3~4对，小裂片披针形或条状披针形，基部的裂片半抱茎，并成假托叶状，无柄；上部叶与苞叶羽状全裂或3~5全裂。头状花序半球形、球形或卵球形，下垂，在茎上排列成总状或狭窄的总状花序式的圆锥状；总苞片3~4层；边缘雌花8~13枚，中央两性花20~30枚；花序托有白色托毛。瘦果矩圆形或椭圆状倒卵形（见图11-114）。

生境：沙质、沙砾质或砾石质土壤上生长。

分布：全区各州。

经济价值：药用植物，全草入药；优等饲用植物。

图11-114 冷蒿

大籽蒿 *Artemisia sieversiana* Ehrhart ex Willd.

主要特征：一、二年生草本。高30~100厘米。茎单生，直立。基生叶在花期枯萎；茎下部与中部叶二至三回羽状全裂，侧裂片2~3对。头状花序较大，半球形或近球形，直径4~6毫米，下垂；总苞片3~4层；边缘雌花2~3层，20~30枚，花冠狭圆锥状，中央两性花80~120枚，花冠管状。花序托半球形，密被白色托毛。瘦果矩圆形，褐色（见图11－115）。

生境：农田、路旁、畜群点或水分较好的撂荒地等。

分布：全区各州。

经济价值：药用植物，全草入药。

图11－115　大籽蒿

黑沙蒿 *Artemisia ordosica* Krasch.

主要特征：旱生半灌木。高50~100厘米。主根粗而长，木质；根状茎粗壮，具多数营养枝。茎多数，老枝黑灰色或暗灰褐色，当年生枝褐色、黄褐色、紫红色以至黑紫色，茎、枝与营养枝常组成大的密丛。叶稍肉质，茎下部叶一至二回羽状全裂，侧裂片3~4对；中部叶一回羽状全裂，侧裂片2~3对，丝状条形；上部叶3~5全裂，丝状条形，无柄。头状花序卵形，斜生或下垂，多数在茎上排列成开展的圆锥状；总苞片3~4层，边缘膜质；边缘雌花5~7枚，中央两性花10~14枚。花序托半球形。瘦果倒卵形（见图11－116）。

生境：固定沙丘、沙地和覆沙土壤上生长。

分布：阴南丘陵、鄂尔多斯、东阿拉善等州。

经济价值：药用植物，根、茎、叶、种子均可入药；良等饲用植物。

图11-116　黑沙蒿

橐吾属 *Ligularia* Cass.

掌叶橐吾 *Ligularia przewalskii*（Maxim.）Diels

主要特征：植株高60~90厘米。茎直立，基部有褐色的枯叶纤维。基生叶掌状深裂，基部近心形，裂片7，叶柄基部扩大而抱茎；茎生叶少数，掌状深裂，有基部扩大而抱茎的短柄，有时具2~3裂或不分裂而作披针形的苞叶状。头状花序多数在茎顶排列成总状，苞叶条形；总苞圆柱形，总苞片5~7；舌状花2个，舌片匙状条形；管状花3~5。瘦果褐色，圆柱形；冠毛紫褐色（见图11-117）。

生境：山地林缘、灌丛、草甸、沟谷及溪边。

分布：阴山、贺兰山等州。

经济价值：观赏植物。

图11-117　掌叶橐吾

蓝刺头属 *Echinops* L.
砂蓝刺头 *Echinops gmelinii* Turcz.

主要特征：一年生旱生草本。高15~40厘米。茎直立，不分枝或有分枝。叶基部半抱茎，无柄，边缘有具白色硬刺的牙齿。复头状花序单生于枝端，白色或淡蓝色；头状花序长约15毫米，基毛多数，糙毛状；外层总苞片较短，先端尖，中部以上边缘有睫毛；中层者较长，先端渐尖成芒刺状，边缘有睫毛；内层者背部被蛛丝状长毛；花冠白色，有毛和腺点，花冠裂片条形，淡蓝色。瘦果密被贴伏的棕黄色长毛；冠毛下部连合（见图11–118）。

生境：固定沙地、沙质撂荒地、居民点、畜群点周围。

分布：呼锡高原、兴安南部、科尔沁、辽河平原、赤峰丘陵、岭西、乌兰察布、阴南丘陵、鄂尔多斯、东阿拉善、西阿拉善、额济纳等州。

经济价值：药用植物，根入药。

图11–118　砂蓝刺头

苍术属 *Atractylodes* DC.
苍术 *Atractylodes lancea*（Thunb.）DC.

主要特征：植株高30~50厘米。根状茎肥大，结节状。茎直立，不分枝或上部稍分枝。叶革质，无毛；下部叶与中部叶不分裂或大头羽状3~5（7~9）浅裂或深裂，下部叶具短柄，有狭翅；叶缘具硬刺状齿。头状花序单生于枝端；总苞片6~8层，先端尖；管状花白色，瘦果圆柱形，密被向上而呈银白色长柔毛；冠毛淡褐色（见图11–119）。

生境：山地阳坡、半阴坡草灌丛。

分布：岭东、兴安南部、燕山北部、赤峰丘陵、呼锡高原、阴山等州。

经济价值：药用植物，根状茎入药。

图11-119 苍术

蓟属 *Cirsium* Mill.

莲座蓟 *Cirsium esculentum*（Sievers）C. A. Mey.

主要特征：多年生无茎或近无茎草本。根状茎短，粗壮，具多数褐色须根。基生叶簇生，先端钝或尖，有刺，基部渐狭成具翅的柄，羽状深裂。头状花序数个密集于莲座状的叶丛中，无梗或有短梗；总苞长达25毫米；总苞片6层。花冠红紫色。瘦果褐色，有毛；冠毛白色而下部带淡褐色，与花冠近等长（见图11-120）。

生境：河漫滩阶地、滨湖阶地以及山间谷地杂类草草甸。

分布：兴安北部、岭西、兴安南部、呼锡高原、科尔沁等州。

经济价值：药用植物，根入蒙药。

图11-120 莲座蓟

飞廉属 *Carduus* L.
节毛飞廉 Carduus acanthoides L.

主要特征：二年生中生草本，高70~90厘米。茎直立，具绿色纵向下延的翅；翅有齿刺。下部叶羽状半裂或深裂，边缘具缺刻状牙齿，齿端叶缘有不等长的细刺；中部叶与上部叶渐变小，羽状深裂，边缘具刺齿。头状花序常2~3个聚生于枝端；总苞片7~8层，被微毛，边缘具小刺状缘毛。管状花冠紫红色。瘦果长椭圆形，褐色；冠毛白色或灰白色（见图11-121）。

生境：路旁、田边、撂荒地。

分布：全区各州。

经济价值：药用植物，地上部分入药。

图11-121　节毛飞廉

漏芦属 *Rhaponticum* Ludw.
漏芦 *Rhaponticum uniflorum*（L.）DC.

主要特征：多年生中旱生植物。植株高20~60厘米。主根粗大，黑褐色。茎直立，单一，基部密被褐色残留的枯叶柄。基生叶与下部叶叶片羽状深裂至全裂，边缘具不规则牙齿，或再分出少数深裂或浅裂片，裂片及齿端具短尖头，叶柄较长，密被绵毛。头状花序直径3~6厘米；总苞片上部干膜质，外层与中层者成掌状撕裂；管状花花冠淡紫红色。瘦果棕褐色；冠毛淡褐色，不等长（见图11-122）。

生境：山地草原、草甸草原、山地森林草原带的石质干草原。

分布：兴安北部、岭西、兴安南部、科尔沁、辽河平原、燕山北部、赤峰丘陵、呼锡高原、阴山、阴南丘陵、鄂尔多斯、贺兰山等州。

经济价值：药用植物，根入药。

图11-122 漏芦

鸦葱属 *Scorzonera* L.

桃叶鸦葱 *Scorzonera sinensis*（Lipsch. et Krasch.）Nakai

主要特征：多年生中旱生草本，高5~10厘米。根圆柱形，深褐色。根茎部被稠密而厚实的纤维状残叶。茎单生或3~4个聚生。基生叶灰绿色，常呈镰状弯曲，基部渐狭成有翅的叶柄，柄基扩大成鞘状而抱茎，边缘显著呈波状皱曲，具弧状脉；茎生叶小，鳞片状，半抱茎。头状花序单生于茎顶；总苞筒形；总苞片4~5层；舌状花黄色，外面玫瑰色。瘦果圆柱状，暗黄色或白色；冠毛白色（见图11-123）。

生境：山地、丘陵、沟谷。

分布：阴山等州。

经济价值：药用植物，根入药。

图11-123 桃叶鸦葱

单子叶植物纲 Monocotyledoneae

禾本科 Gramineae

芦苇属 *Phragmites* Adans.

芦苇 *Phragmites australis*（Cav.）Trin. ex Steud.

主要特征：秆直立，坚硬，高0.5~2.5米。叶片扁平，长15~35厘米，宽1~3.5

厘米。圆锥花序稠密，开展，微下垂；小穗长12~16毫米，通常含3~5小花；两颖均具3脉，第一颖长4~6毫米，第二颖长6~9毫米；外稃具3脉，第一小花常为雄花，其外稃狭长披针形，长10~14.5毫米，内稃长3~4毫米；第二外稃长10~15毫米，先端长渐尖，基盘细长，有长6~12毫米的柔毛；内稃长约3.5毫米，脊上粗糙（见图11-124）。

生境：沼泽化草甸、池塘、河边、湖泊、盐碱地、干旱的沙丘等。

分布：全区各州。

经济价值：纤维植物；药用植物，根茎、茎秆、叶及花序均可入药；优等饲用植物。

图11-124 芦苇

雀麦属 *Bromus* L.

无芒雀麦 *Bromus inermis* Leyss.

主要特征：多年生草本，具短横走根状茎。秆直立，高50~100厘米。叶舌长1~2毫米；叶片扁平，长5~25厘米，宽5~10毫米，通常无毛。圆锥花序开展，长10~20厘米，每节具2~5分枝，分枝细长，着生1~5枚小穗；小穗长（10）15~30（35）毫米，含（5）7~10小花，小穗轴节间长2~3毫米，具小刺毛；颖披针形，先端渐尖，边缘膜质，第一颖长（4）5~7毫米，具一脉，第二颖长（5）6~9毫米，具3脉；外稃宽披针形，具5~7脉，无毛或基部疏生短毛，通常无芒或稀具长1~2毫米的短芒，第一外稃长（6）8~11毫米；内稃稍短于外稃，膜质，脊具纤毛（见图11-125）。

生境：草甸、林缘、山间谷地、河边及路旁。

分布：全区各州。

经济价值：优等饲用植物。

图11-125　无芒雀麦

冰草属 *Agropyron* Gaertn.
冰草 *Agropyron cristatum*（L.）Gaertn.

主要特征：多年生旱生草本。须根稠密，外具沙套。秆疏丛生或密丛，直立或基部节微膝曲，高15～75厘米。叶舌顶端截平而微有细齿。穗状花序较粗壮，小穗紧密平行排列成2行，整齐呈篦齿状，含（3）5～7小花；颖舟形，内稃与外稃略等长，先端尖且2裂，脊具短小刺毛（见图11-126）。

生境：干燥草地、山坡、丘陵以及沙地。

分布：全区各州。

经济价值：优等饲用植物。

图11-126　冰草

赖草属 ***Leymus*** **Hochst.**

羊草 ***Leymus chinensis*** **（Trin. ex Bunge）Tzvel.**

主要特征：多年生根茎禾本。秆单生或成簇，直立，高45~100厘米，具2~5节；叶片质厚而硬，扁平或干后内卷。穗状花序劲直，穗轴粗壮，边缘疏生长纤毛；小穗粉绿色，熟后呈黄色，通常在每节孪生或在花序上端及基部者为单生，含4～10小花，小穗轴节间光滑；颖锥状，质厚而硬，上部粗糙，边缘具微细纤毛，其余部分光滑；外稃披针形，光滑，边缘具狭膜质，顶端渐尖或形成芒状尖头，基盘光滑；内稃与外稃等长，先端微2裂，脊上半部具微细纤毛或近于无毛（见图11–127）。

生境：平原、低山丘陵、河滩、盐渍低地、盐化草甸等。

分布：全区各州。

经济价值：优等饲用植物。

图11–127　羊草

赖草 ***Leymus secalinus*** **（Georgi）Tzvel.**

主要特征：多年生旱中生根茎禾草。秆单生或成簇，直立，高45~100厘米，具2~5节，光滑无毛，穗状花序下密具柔毛；叶鞘大都光滑，或在幼嫩时上部边缘具纤毛。穗状花序直立，灰绿色，穗轴被短柔毛，每节着生小穗（1）2或3（4），具2~7（10）小花；颖片狭披针形至锥形，先端尖如芒状，边缘具纤毛；外稃披针形，背部被短柔毛，边缘的毛尤长且密，先端渐尖或具短芒，脉在中部以上明显，基盘具毛；内稃与外稃等长，先端微2裂，脊的上半部具纤毛；胼胝体具长柔毛（见图11–128）。

生境：盐化草甸、沙地、丘陵地、山坡、田间、路旁。

分布：全区各州。

经济价值：良等饲用植物；药用植物，根茎及须根入药。

图11-128　赖草

大麦草属 *Hordeum* L.
短芒大麦草 *Hordeum brevisubulatum*（Trin.）Link.

主要特征：多年生草本，常具根状茎。秆成疏丛，直立或下部节常膝曲，高25~70厘米，光滑。穗状花序顶生，长3~9厘米，宽2.5~5毫米，绿色或成熟后带紫褐色；穗轴节间长约2~6毫米；三联小穗两侧者不育，具长约1毫米的柄，颖针状，长4~5毫米，外稃长约5毫米，无芒；中间小穗无柄，颖长4~6毫米，外稃长6~7毫米，平滑或具微刺毛，先端具长1~2毫米的短芒，内稃与外稃近等长（见图11-129）。

生境：盐碱滩、河岸低湿地。

分布：全区各州。

经济价值：优等饲用植物。

图11-129　短芒大麦草

针茅属 *Stipa* L.

大针茅 *Stipa grandis* P. A. Smirn.

主要特征：多年生密丛型禾草。秆直立，高50~100厘米。秆生叶较短，基生叶长可达50厘米以上。圆锥花序基部包于叶鞘内，长20~50厘米。小穗稀疏；颖披针形，成熟后淡紫色，长（27）30~40（45）毫米。外稃长（14.5）15~17毫米，顶端关节处被短毛，基盘长约4毫米，密生白色柔毛，芒二回膝曲，光滑或微粗糙，第一芒柱长6~10厘米，第二芒柱长2~2.5厘米，芒针丝状卷曲，长10~18厘米（见图11–130）。

生境：典型草原、山地草原、草甸。

分布：兴安北部、岭西、兴安南部、科尔沁、辽河平原、呼锡高原、阴山、阴南丘陵、鄂尔多斯、贺兰山等州。

经济价值：良等饲用植物。

图11–130 大针茅

克氏针茅 *Stipa krylovii* Roshev.

主要特征：多年生密丛型禾草。秆直立，高30~60厘米。秆生叶长10~20厘米，基生叶长达30厘米。圆锥花序基部包于叶鞘内，长10~30厘米；小穗稀疏；颖披针形，草绿色，成熟后淡紫色，长（17）20~28毫米，第一颖略长，具3脉，第二颖稍短，具4~5脉. 外稃长9~11.5毫米；顶端关节处被短毛，基盘长约3毫米，密生白色柔毛；芒二回膝曲，光滑，第一芒柱扭转，长2~2.5厘米，第二芒柱长约1厘米，芒针丝状弯曲，长7~12厘米（见图11–131）。

生境：典型草原、荒漠区山地草原、荒漠草原中零星散生。

分布：岭西、兴安南部、科尔沁、赤峰丘陵、燕山北部、呼锡高原、乌兰察布、阴山、阴南丘陵、鄂尔多斯、贺兰山等州。

经济价值：良等饲用植物。

图11-131 克氏针茅

戈壁针茅 *Stipa gobica* Roshev.

主要特征：多年生密丛型旱生草本植物。秆斜升或直立，基部膝曲，高（10）20~50厘米。秆生叶长2~4厘米，基生叶长可达20厘米。圆锥花序下部被顶生叶鞘包裹，分枝细弱；小穗绿色或灰绿色；颖狭披针形，长20~25毫米，上部及边缘宽膜质，顶端延伸成丝状长尾尖，二颖近等长，第一颖具1脉，第二颖具3脉。外稃长7.5~8.5毫米，基盘尖锐，长0.5~2毫米；芒一回膝曲，芒柱扭转，光滑，长约1.5厘米，芒针急折弯曲近呈直角，非弧状弯曲，长4~6厘米，着生长3~5毫米的柔毛，柔毛向顶端渐短（见图11-132）。

生境：山地草原、草原区石质丘陵的顶部。

分布：赤峰丘陵、呼锡高原、乌兰察布、阴山、阴南丘陵、东阿拉善、西阿拉善、额济纳等州。

经济价值：山地草原优等饲用植物。

图11-132 戈壁针茅

芨芨草属 *Achnatherum* P. Beauv.

芨芨草 *Achnatherum splendens*（Trin.）Nevski

主要特征：高大的密丛型旱中生草本植物。秆密丛生，直立或斜升，坚硬，高80~200厘米。叶片坚韧，长30~60厘米，宽3~7毫米，纵向内卷或有时扁平。圆锥花序开展，长30~60厘米，开花时呈金字塔形；小穗披针形，长4.5~6.5毫米，具短柄，灰绿色、紫褐色或草黄色；颖披针形或矩圆状披针形，膜质，顶端尖或锐尖，具1~3脉，外稃长4~5毫米，具5脉，密被柔毛，顶端具2微齿；基盘钝圆，长约0.5毫米，有柔毛；芒长5~10毫米，自外稃齿间伸出，直立或微曲，但不膝曲扭转；内稃脉间有柔毛，成熟后背部多少露出外稃之外（见图11-133）。

生境：盐化低地、湖盆边缘、丘间谷地、干河床、阶地、侵蚀洼地等。

分布：全区各州。

经济价值：良等饲用植物；纤维植物。

图11-133 芨芨草

沙鞭属 *Psammochloa* Hitchc.

沙鞭 *Psammochloa villosa*（Trin.）Bor

主要特征：多年生长根茎型草本植物。水平根茎长达2~3米，横生于沙中。秆直立，光滑无毛，高1~1.5米，径3~8毫米，株节多密集于秆基部。叶片质地较坚韧，扁平或边缘内卷，长30~50厘米，宽达1厘米。圆锥花序较紧缩，直立，长20~50厘米，宽3~6厘米；小穗披针形，含1小花，长10~16毫米；颖草质，近相等或第一颖较短，具3~5脉，长10~12毫米，具5~7脉，背部密生长柔毛，顶端具2微裂齿；芒自外稃顶端裂齿间伸出，直立，长7~12毫米；内稃与外稃等长或近等长（见图11-134）。

生境：典型草原带、荒漠草原带及荒漠带的流动、半流动沙地。

分布：呼锡高原、乌兰察布、阴南丘陵、鄂尔多斯、东阿拉善、西阿拉善等州。

经济价值：良等饲用植物。

图11-134　沙鞭

隐子草属 *Cleistogenes* Keng

糙隐子草 *Cleistogenes squarrosa*（Trin.）Keng

主要特征：多年生的小型丛生草本植物。植株通常绿色，秋后常呈红褐色。秆密丛生，直立或铺散，纤细，高10~30厘米，干后常成蜿蜒状或螺旋状弯曲。叶鞘层层包裹，直达花序基部；叶片狭条形，长3~6厘米，宽1~2毫米。圆锥花序狭窄，长4~7厘米，宽5~10毫米；小穗长5~7毫米，含2~3小花，绿色或带紫色；颖具1脉，边缘膜质，第一颖长1~2毫米，第二颖长3~5毫米；外稃披针形，5脉，第一外稃长5~6毫米，先端常具较稃体为短的芒；内稃狭窄，与外稃近等长（见图11-135）。

生境：森林草原、典型草原、荒漠草原及草原化荒漠。

分布：全区各州。

经济价值：优等饲用植物。

图11-135　糙隐子草

虎尾草属 *Chloris* Swartz
虎尾草 *Chloris virgata* Swartz

主要特征：一年生草本。秆斜升、铺散或直立，基部节处常膝曲，高10~35厘米。叶鞘背部具脊，上部叶鞘常膨大而包藏花序；叶片长2~15厘米，宽1.5~5毫米。穗状花序长2~5厘米，数枚簇生于秆顶；小穗灰白色或黄褐色，长2.5~4毫米（芒除外）；颖膜质，第一颖长1.5~2毫米，第二颖长2.5~3毫米，先端具长0.5~2毫米的芒；第一外稃长2.5~3.5毫米，具3脉，芒自顶端稍下处伸出，长5~12毫米；内稃稍短于外稃，脊上具微纤毛；不孕外稃狭窄，顶端截平，芒长4.5~9毫米（见图11-136）。

生境：农田、撂荒地、路边、干湖盆、干河床、浅洼地、砾石质坡地。

分布：全区各州。

经济价值：中等饲用植物。

图11-136　虎尾草

狗尾草属 *Setaria* P. Beauv.
狗尾草 *Setaria viridis*（L.）P. Beauv. var. *Viridis*

主要特征：一年生草本。秆高20~60厘米，直立或基部稍膝曲，单生或疏丛生。叶舌由一圈长1~2毫米的纤毛所构成；叶片扁平，条形或披针形，长10~30厘米，宽2~10（15）毫米。圆锥花序紧密成圆柱状，直立，有时下垂，刚毛长于小穗的2~4倍；第一颖卵形，长约为小穗的1/3，具3脉，第二颖与小穗几乎等长，具5脉；第一外稃与小穗等长，具5脉，内稃狭窄；第二外稃具有细点皱纹。谷粒长圆形，顶端钝，成熟时稍肿胀（见图11-137）。

生境：荒地、田野、河边、坡地。

分布：全区各州。

经济价值：幼嫩时优等饲用植物；药用植物，全草入药。

图11-137　狗尾草

莎草科 Cyperaceae

三棱草属 *Bolboschoenus*（Asch.）Pall.

扁秆荆三棱 *Bolboschoenus planiculmis*（F. Schmidt）T. V. Egorova

主要特征：多年生草本。根状茎匍匐，其顶端增粗成球形或倒卵形的块茎，黑褐色。秆单一，高10~85厘米，三棱形。基部叶鞘黄褐色，脉间具横隔；叶片长条形，扁平，宽2~4（5）毫米。苞片1~3，叶状，比花序长1至数倍；长侧枝聚伞花序短缩成头状或有时具1至数枚短的辐射枝，辐射枝常具1~4（6）小穗；小穗卵形或矩圆状卵形，具多数花；鳞片卵状披针形或近椭圆形，长5~7毫米，具1脉，顶端延伸成1~2毫米的外反曲的短芒；下位刚毛2~4条，等于或短于小坚果的一半，具倒刺。小坚果倒卵形（见图11-138）。

生境：盐化草甸及沼泽。

分布：全区各州。

经济价值：药用植物，块茎可药用；可作编织及造纸原料。

图11-138　扁秆荆三棱

水葱属 *Schoenoplectus* (Rchb.) Pall.
水葱 *Schoenoplectus tabernaemontani* (C. C. Gmel.) Pall.

主要特征：多年生湿生草本；根状茎粗壮，匍匐，褐色。秆高30~130厘米，圆柱形，中空。叶鞘疏松，淡褐色。苞片1~2，其中1枚稍长；长侧枝聚伞花序假侧生，辐射枝3~8，不等长，常1~2次分歧；小穗卵形或矩圆形，单生或2~3枚聚生，红棕色或红褐色；鳞片宽卵形或矩圆形，长3.5毫米，宽2.2毫米，红棕色或红褐色，常具紫红色疣状突起，背部具1淡绿色中脉，边缘近膜质，具缘毛；下位刚毛6条，与小坚果近等长。具倒刺；雄蕊3。小坚果倒卵形（见图11–139）。

生境：浅水沼泽、沼泽化草甸。

分布：全区各州。

经济价值：可作编织原料。

图11–139　水葱

扁穗草属 *Blysmus* Panz. ex Schult.
华扁穗草 *Blysmus sinocompressus* Tang et F. T. Wang

主要特征：多年生湿生草本。根状茎长，匍匐，黄色，光亮，具褐色鳞片。秆近于散生，高3~30厘米，扁三棱形，具槽，中部以下生叶。叶扁平，短于秆，宽1~3.5毫米。苞片叶状，短于花序或高出花序；小苞片呈鳞片状，膜质；穗状花序单一，顶生。花序由6~15个小穗组成，排列成二列，通常下部有一小穗远离；小穗卵状披针形、卵形或卵状矩圆形；鳞片螺旋排列，卵状矩圆形，膜质；下位刚毛3~6条，细弱，卷曲，高出小坚果约2倍，具倒刺。小坚果倒卵形，平凸状，深褐色或灰褐色，长2毫米，基部具短柄（见图11–140）。

生境：盐化草甸、河边沼泽。

分布：兴安南部、呼锡高原、阴南丘陵、阴山、鄂尔多斯、东和西阿拉善、贺兰山、龙首山等州。

生态价值：盐化草甸及河边沼泽中可成为优势种。

图11-140　华扁穗草

薹草属 *Carex* L.
黄囊薹草 *Carex korshinskii* Kom.

主要特征：多年生中旱生草本植物。具细长匍匐根状茎。秆疏丛生，纤细，高20~36厘米，扁三棱形。基部叶鞘褐红色，细裂成纤维状及网状；叶片狭，扁平或对折。苞片先端刚毛状或芒状，长于或短于小穗，具极短苞鞘；小穗2~3个；顶生者为雄小穗，棒状条形，长1~2.5厘米，与相邻次一雌小穗接近生，雄花鳞片狭长卵形或披针形，淡锈色，先端急尖，具白色膜质宽边缘；侧生一个为雌小穗，近球形，卵形或矩圆形，具5~12朵花，无柄；雌花鳞片卵形，淡棕色，中部色浅，与果囊近等长；果囊革质，倒卵形或椭圆形，钝三棱状，金黄色，长约3毫米，顶端急收缩成短喙；喙平滑，喙口膜质，斜截形。小坚果紧包于果囊中，倒卵形，钝三棱形，长约1.8毫米；花柱基部略增大，弯斜，柱头3（见图11-141）。

生境：草原、沙丘、石质山坡。

分布：兴安北部、兴安南部、岭西、呼锡高原、辽河平原、赤峰丘陵、阴山、阴南丘陵、东阿拉善、贺兰山等州。

生态价值：沙质草原及羊草草原伴生种。

图11-141　黄囊薹草

百合科 Liliaceae
葱属 *Allium* L.
野韭 *Allium ramosum* L.

主要特征：多年生中旱生植物。根状茎粗壮，横生，略倾斜。鳞茎近圆柱状，簇生，外皮暗黄色至黄褐色，破裂成纤维状，呈网状。叶三棱状条形，短于花葶。总苞单侧开裂或2裂，白色、膜质，宿存；伞形花序半球状或近球状；小花梗近等长，长1~1.5厘米，基部除具膜质小苞片外常在数枚小花梗的基部又为1枚共同的苞片所包围；花白色，稀粉红色；花被片常具红色中脉；花丝等长，长为花被片的1/2~3/4，基部合生并与花被片贴生，合生部位高约1毫米，分离部分呈狭三角形。子房倒圆锥状球形（见图11-142）。

生境：砾石质坡地、典型草原、草甸草原、草原化草甸等。

分布：兴安北部及南部、岭西、燕山北部、呼锡高原、阴山、阴南丘陵、贺兰山等州。

经济价值：优等饲用植物；野菜植物，花和花葶是“韭菜花”调味原料。

图11-142 野韭

黄花葱 *Allium condensatum* Turcz.

主要特征：鳞茎近圆柱形，粗1~2厘米。外皮深红褐色，革质。有光泽，条裂。叶圆柱状或半圆柱状，具纵沟槽，中空，粗1~2毫米，短于花葶。花葶圆柱状，实心，高30~60厘米；总苞2裂，膜质，宿存；伞形花序球状，具多而密集的花；小花梗近等长，长5~15毫米，基部具膜质小苞片；花淡黄色至白色；花丝等长，比花被片长1/3~1/2，基部合生并与花被片贴生；子房倒卵形，腹缝线基部具短帘的凹陷蜜穴，花柱伸出花被外（见图11–143）。

生境：山地草原、草原、草甸化草原及草甸。

分布：呼锡高原、兴安南部、科尔沁、赤峰丘陵、阴南丘陵、乌兰察布、阴山等州。

经济价值：野菜植物。

图11–143　黄花葱

山葱 *Allium senescens* L.

主要特征：多年生中旱生植物。根状茎粗壮，横生，外皮黑褐色至黑色。鳞茎单生或数枚聚生，外皮灰褐色至黑色，膜质，不破裂。叶条形，肥厚，基部近半圆柱状，上部扁平。花葶近圆柱状，常具2纵棱，高20~50厘米；总苞2裂，膜质，宿存；伞形花序半球状至近球状，具多而密集的花；花紫红色至淡紫色；花丝等长，比花被片长可达1.5倍，基部合生并与花被片贴生，外轮者锥形，内轮者披针状狭三角形；子房近球状；花柱伸出花被外（见图11–144）。

生境：草原、草甸草原、砾石质山坡。

分布：兴安北部、岭东、岭西、兴安南部、科尔沁、赤峰丘陵、燕山北部、呼锡高原、阴南丘陵、阴山等州。

经济价值：优等饲用植物；野菜植物。

图11-144 山葱

百合属 *Lilium* L.
山丹 *Lilium pumilum* Redoute

主要特征：多年生中生植物。鳞茎卵形或圆锥形，高3~5厘米，直径2~3厘米。茎直立，高25~66厘米，密被小乳头状突起。叶散生于茎中部，条形，长3~9.5厘米，宽1.5~3毫米，边缘密被小乳头状突起。花1至数朵，生于茎顶部，鲜红色，无斑点，下垂；花被片反卷，长3~5厘米，宽6~10毫米，蜜腺两边有乳头状突起。蒴果矩圆形，长约2厘米，直径0.7~1.5厘米（见图11-145）。

生境：草甸草原、山地草甸及山地林缘。

分布：岭西、兴安北部、兴安南部、呼锡高原、科尔沁、阴山、阴南丘陵、鄂尔多斯、西阿拉善等州。

经济价值：药用植物，鳞茎入药；观赏植物。

图11-145 山丹

萱草属 *Hemerocallis* L.

小黄花菜 *Hemerocallis minor* Mill.

主要特征：多年生中生植物。须根粗壮，绳索状，粗1.5~2毫米，表面具横皱纹。叶基生，长20~50厘米，宽5~15毫米。花葶长于叶或近等长，花序不分枝或稀为假二歧状的分枝，常具1~2花，稀具3~4花；花梗长短极不一致；花被淡黄色，花被管通常长1~2.5（3）厘米。蒴果椭圆形或矩圆形，长2~3厘米，宽1~1.5厘米（见图11-146）。

生境：草甸草原、杂类草草甸、山地草原、林缘、灌丛中。

分布：兴安北部、科尔沁、兴安南部、岭西、燕山北部、呼锡高原、赤峰丘陵、阴山、阴南丘陵等州。

经济价值：药用植物，根入药；食花植物。

图11-146 小黄花菜

黄精属 *Polygonatum* Mill.

玉竹 *Polygonatum odoratum*（Mill.）Druce

主要特征：多年生中生植物。根状茎粗壮，圆柱形，有节，黄白色，生有须根。茎有纵棱，高25~50厘米，具7~10叶。叶互生，椭圆形至卵状矩圆形。花序具1~3花，腋生；花被白色带黄绿，长14~20毫米，花被筒较直，裂片长约3.5毫米；花丝扁平，近平滑至具乳头状突起，着生于花筒近中部，花药黄色；花柱丝状，内藏，长6~10毫米。浆果球形，熟时蓝黑色，有种子3~4颗（见图11-147）。

生境：生于林下、灌丛、山地草甸。

分布：兴安北部、岭西、呼锡高原、兴安南部、科尔沁、辽河平原、明南丘陵、阴山、鄂尔多斯、贺兰山等州。

经济价值：药用植物，根茎入药。

图11-147 玉竹

黄精 *Polygonatum sibiricum* Redoute

主要特征：多年生中生植物。根状茎肥厚，横生，圆柱形，一头粗，一头细，黄白色。茎高30~90厘米。叶无柄，4~6轮生，条状披针形，先端蜷卷或弯曲呈钩形。花腋生，常有2~4朵花，呈伞形状，下垂；花梗基部有苞片，膜质，白色；花被白色至淡黄色稍带绿色，花被筒中部稍缢缩；花丝很短，贴生于花被筒上部。浆果，直径3~5毫米，成熟时黑色，有种子2~4颗（见图11-148）。

生境：林下、灌丛或山地草甸。

分布：兴安北部、岭西、呼锡高原、乌兰察布、辽河平原、科尔沁、赤峰丘陵、燕山北部、兴安南部、阴南丘陵、阴山、龙首山、贺兰山等州。

经济价值：药用植物，根茎入药。

图11-148 黄精

薯蓣科 Dioscoreaceae

薯蓣属 *Dioscorea* L.

穿龙薯蓣 *Dioscorea nipponica* Makino

主要特征：多年生中生草本。根状茎横走，常分枝，外皮黄褐色，薄片状剥离，内部白色。茎缠绕。单叶互生；叶片轮廓宽卵形至卵形。雌雄异株，雄花序穗状，生于叶腋，具多数花，雄花钟状；花被6裂，雄蕊6，着生于花被片的中央，花药内藏，无退化雌蕊；雌花序穗状，生于叶腋，常下垂，具多数花，雌花管状，花被6裂，雌蕊柱头3裂，裂片再2裂，无退化雄蕊。蒴果宽倒卵形，具3宽翅，顶端具宿存花被片（见图11-149）。

生境：山地林下及灌丛。

分布：燕山北部、辽河平原、岭西、阴山、呼锡高原等州。

经济价值：药用植物，根茎入药。

图11-149 穿龙薯蓣

鸢尾科 Iridaceae

鸢尾属 *Iris* L.

射干鸢尾 *Iris dichotoma* Pall.

主要特征：多年生中旱生草本。高40~100厘米。根状茎粗壮，具多数黄褐色须根。茎直立，多分枝，分枝处具1枚苞片；苞片披针形，绿色，边缘膜质。叶基生6~8枚，排列于一个平面上，呈扇状；叶片剑形，基部套折状，边缘白色膜质；总苞干膜质。聚伞花序，有花3~15朵；花白色或淡紫红色，具紫褐色斑纹；外轮花被片薄片状，具紫褐色斑点，爪部边缘具黄褐色纵条纹，内轮花被片具紫色网纹；雄蕊3，贴生于外轮花被片基部；花柱分枝3，花瓣状，卵形，基部连合，柱头具2齿。蒴果圆柱形；种子两端翅状（见图11-150）。

生境：草原、草甸草原、山地草原、林缘及灌丛。

分布：兴安北部、岭东、燕山北部、辽河平原、科尔沁、兴安南部、岭西、呼锡高原、赤峰丘陵、阴山、鄂尔多斯、贺兰山等州。

经济价值：中等饲用植物；观赏植物。

图11-150 射干鸢尾

马蔺 *Iris lactea* Pall. var. *chinensis*（Fisch.）Koidz.

主要特征：多年生中生草本。植株高20~50厘米，基部具稠密的红褐色纤维状宿存叶鞘，形成大型草丛。根状茎粗壮，着生多数绳状棕褐色须根。基生叶多数，剑形。花葶丛生，高10~30厘米，下面被2~3叶片所包裹；叶状总苞狭矩圆形或披针形，顶端尖锐，长6~7毫米，淡绿色，边缘白色宽膜质；花1~3朵，蓝色；花被管较短，外花被片倒披针形，稍宽于内花被片，内花被片披针形、先端锐尖；花柱花瓣状，顶端2裂。蒴果长椭圆形，长4~6厘米；种子近球形，棕褐色（见图11-151）。

生境：河滩、盐碱滩地、盐化草甸。

分布：燕山北部、兴安南部、岭西、呼锡高原、乌兰察布、赤峰丘陵、阴山、阴南丘陵、鄂尔多斯、东阿拉善、西阿拉善、贺兰山等州。

经济价值：药用植物，花、种子及根入药；中等饲用植物。

图11-151 马蔺

细叶鸢尾 *Iris tenuifolia* Pall.

主要特征：多年生草本植物。植株高20~40厘米，形成稠密草丛。根状茎匍匐；须根细绳状，黑褐色。植株基部被稠密的宿存叶鞘，丝状或薄片状，棕褐色，坚韧。基生叶丝状条形，纵卷，长达40厘米，宽1~1.5毫米，极坚韧，光滑，具5~7条纵脉。苞叶3~4，披针形，鞘状膨大呈纺锤形，白色膜质，果期宿存，内有花1~2朵；花淡蓝色或蓝紫色，花被管细长，可达8厘米；花柱狭条形，顶端2裂。蒴果卵球形，具三棱（见图11-152）。

生境：草原、沙地及石质坡地。

分布：岭西、呼锡高原、乌兰察布、赤峰丘陵、阴南丘陵、鄂尔多斯、阴山、贺兰山等州。

经济价值：药用植物，根及种子入药；中等饲用植物。

图11-152 细叶鸢尾

参考文献

1. 陈述彭，鲁学军，周成虎. 地理信息系统导论［M］. 北京：科学出版社，1999.

2. 董鸣. 陆地生物群落调查观测与分析［M］. 北京：中国标准出版社，1996.

3. 付必谦，张峰，高瑞如. 生态学实验原理与方法［M］. 北京：科学出版社，2006.

4. 高玉葆，石福臣. 植物生物学与生态学实验［M］. 北京：科学出版社，2008.

5. 江源，康慕谊，黄咏梅，等. 植物地理学（第五版）［M］. 北京：高等教育出版社，2020.

6. 刘鸿雁. 植物地理学［M］. 北京：高等教育出版社，2020.

7. 娄安如，牛翠娟. 基础生态学实验指导［M］. 北京：高等教育出版社，2005.

8. 马丹炜，张宏，李群，等. 植物地理学实验与实习教程［M］. 北京：科学出版社，2009.

9. 内蒙古大学生物系. 植物生态学实验［M］. 北京：高等教育出版社，1986.

10. 赵一之，赵利清. 内蒙古维管植物检索表［M］. 北京：科学出版社，2014.

11. 赵一之，赵利清，曹瑞. 内蒙古植物志（第三版）［M］. 呼和浩特：内蒙古人民出版社，2019.

12. 沈显生，尹路明，周忠泽. 植物生物学实验［M］. 合肥：中国科技大学出版社，2003.

13. 宋永昌. 植被生态学［M］. 上海：华东师范大学出版社，2001.

14. 吴征镒著. 中国种子植物区系地理［M］. 北京：科学出版社，2019年.

15. 汪矛. 植物生物学实验教程［M］. 北京：科学出版社，2003.

16. 汪小凡，杨继. 植物生物学实验（第2版）［M］. 北京：高等教育出版社，2006.

17. 王荷生. 植物区系地理［M］. 北京：科学出版社，1992.

18. 王建. 现代自然地理学实习教程［M］. 北京：高等教育出版社，2006.

19. 王英典，刘宁. 植物生物学实验指导［M］. 北京：高等教育出版社，2001.

20. 魏学智. 植物学野外实习指导［M］. 北京：科学出版社，2008.

21. 武吉华，刘濂. 植物地理实习指导［M］. 北京：高等教育出版社，1983.

22. 阳含熙，卢泽愚. 植物生态学的数量分类方法［M］. 北京：科学出版社，1982.

23. 杨持. 生态学实验与实习［M］. 北京：高等教育出版社，2003.

24. 杨继. 植物生物学实验［M］. 北京：高等教育出版社，2000.

25. 张彪，淮虎银，金银根. 植物分类学实验［M］. 南京：东南大学出版社，2002.

26. 张超. 地理信息系统实习教程［M］. 北京：高等教育出版社，2000.

27. 张乃群，朱自学. 植物学实验及实习指导［M］. 北京：化学工业出版社，2006.

28. 章家恩. 生态学常用实验研究方法与技术［M］. 北京：化学工业出版社，2007.

29. 赵志模，郭依泉. 群落生态学原理与方法［M］. 重庆：科学技术文献出版社重庆分社，1990.

30. 郑师章，吴千红，王海波，等. 普通生态学-原理、方法和应用［M］. 上海：复旦大学出版社，1994.